Theory and Practices for Assessment of Soil Water Resources

土壤水资源定量评价

理论与实践

杨贵羽 王 浩 贾仰文 严登华 著

科学出版社

北 京

内 容 简 介

全书针对当前径流性水资源严重匮乏，非径流性水资源得到日益重视，水资源管理亦从需水管理向耗水管理转变的现实需求，对占非径流性水资源绝对大比重的土壤水资源，在全面论述其生产、生活和生态作用后，重申了土壤水资源内涵，从宏观尺度开展了流域尺度土壤水资源数量和消耗效率评价理论与方法研究，首次综合考虑水资源的"有效性、可控性和可再生性"三大基本准则，立足于水循环全过程，提出了大尺度土壤水资源数量和消耗效率评价理论体系，围绕水循环过程的土壤水资源调控方向，并在黄河流域、海河流域和松辽流域进行了初步应用。

本书理论与实践紧密结合，内容相对全面，技术实用，可供水资源评价、水资源管理以及农业水资源管理等方面的专业研究人员、工程技术人员、管理人员及高等院校师生参考。

图书在版编目（CIP）数据

土壤水资源定量评价理论与实践／杨贵羽等著. —北京：科学出版社，2014.1

　　ISBN 978-7-03-039547-4

Ⅰ. 土… Ⅱ. 杨… Ⅲ. 土壤水–水资源–资源评价–中国　Ⅳ. S152.7

中国版本图书馆 CIP 数据核字（2014）第 0008828 号

责任编辑：李　敏　吕彩霞／责任校对：包志虹
责任印制：徐晓晨　／封面设计：无极书装

科 学 出 版 社 出版
北京东黄城根北街 16 号
邮政编码：100717
http://www.sciencep.com

北京建宏印刷有限公司 印刷
科学出版社发行　各地新华书店经销

*

2014 年 1 月第　一　版　开本：720×1000　1/16
2017 年 2 月第二次印刷　印张：12 3/4　插页：2
字数：250 000

定价：80.00 元
（如有印装质量问题，我社负责调换）

前　言

　　水是基础性自然资源和战略性经济资源，是人类赖以生存的无可替代的宝贵物质。水资源数量的多少、质量的优劣均直接或间接的影响着自然和社会经济的健康发展。然而，在全球气候变化和高强度人类活动的影响下，水资源短缺已成为全球性普遍问题，并引发了一系列与之相关的生态环境问题。为此，从根本上解决这些问题，缓解水资源短缺成为首要任务，合理用好每一滴水成为解决水资源短缺的必然之路。

　　土壤水资源，作为水循环过程中水分转化的重要组成部分，占降水派生水资源的绝对大比重，不仅数量可观，而且长期以来在维持区域/流域农业生产和生态环境建设和保护方面发挥着最为直接的作用。而且随着水资源管理的深入（从需水管理向耗水管理转变）和现代水资源开发利用技术的发展，立足于水循环全过程，挖掘一切可利用水资源，开展不同赋存形式（径流性水资源和非径流性水资源）水资源的合理利用，已成为新形势下水资源管理的组成部分。加强宏观尺度土壤水资源研究也已成为水资源管理的重要组成部分，同时也是实现水土保持和生态环境建设的重要构成部分，对水资源合理利用、农业生产和生态环境建设具有十分重要的现实意义。然而，由于土壤水分不能提取和运输的特点以及受土壤理化性质的影响，因此有关宏观尺度开展土壤水资源的研究较少，对其资源特性（数量和消耗效率）的研究存在大量空白，难以针对性地加以调控和利用。

　　为此，面对日益严峻的水资源短缺的现实问题和迫切的实践需求，在国家重点基础研究（973）发展规划项目课题"黄河流域水资源演变规律与二元演化模型研究"（G1999043602）、"海河流域二元水循环模式与水资源高效利用"（2006CB403400）以及"十一五"国家科技支撑计划重点课题"松辽流域水资源全口径水资源评价及旱情预测关键技术研究"（2007BAB28B01），以及国家自然基金创新群体"流域水循环模拟与调控"（51021066）的共同支持下，本研究从宏观尺度开展了流域尺度土壤水资源数量和消耗效率评价理论与方法研究，首次综合考虑水资源的"有效性、可控性和可再生性"三大基本准则，立足于水循环全过程，提出了大尺度土壤水资源数量和消耗效率评价理论，并在黄河流域、海河流域和松辽流域进行了初步应用。

　　本书在上述项目支撑下，首先系统地梳理了土壤水分及土壤水资源研究现状以及现实的需求；然后在全面分析土壤水分在生产、生活和生态中所发挥的资源特性的基础上，立足于水循环过程，从可持续利用的角度重新定义了土壤水资源，综合水资源的三大属性，提出土壤水资源数量评价指标体系；最后，结合土地利用，在剖析土壤水资源的消耗结构的基础上，提出了土壤水资源消耗效率的评价准则，实现了北方三大流域土壤水资源数量和消耗效率的探索性评价。全书内容共分 9 章。具体内容概括如下：

第 1 章绪论。针对当前径流性水资源匮乏的现实情势，本章简要阐述了开展土壤水及土壤水资源研究的现实意义，并系统梳理了有关土壤水及土壤水资源的研究现状和发展趋势。

第 2 章土壤水的资源特性及土壤水资源内涵。本章从土壤水在生产、生活和生态中的作用和意义，以及在水循环中发挥的承接作用两方面，在系统阐述了开展土壤水的资源特性后，基于当前土壤水资源的概念，立足于水资源的有效性、可控性和可再生性三大属性，重新定义了土壤水资源，并结合土壤水资源在陆域生态系统、农业生产系统中的作用，阐述了开展土壤水资源评价的必要性。

第 3 章土壤水资源评价理论与定量化方法。本章首先以水资源最本质的三大特点：有效性、可控性和可再生性为准则，建立了土壤水资源数量评价指标体系，并以水平衡原理为基础，结合土壤水资源的动态转化特性，阐述了土壤水资源数量和消耗原理，提出了土壤水资源消耗效率的界定准则，定量推导了土壤水资源各评价指标。为实现土壤水资源的定量计算，又进一步从田间到区域，从土壤水分动态转化的单环节，以及水循环全过程各环节耦合两方面介绍了土壤水定量化工具，并以分布式 WEP-L 模型为例，详细阐述土壤水资源评价的模型机理和模拟方法。

第 4 章黄河流域土壤水资源及其消耗效率评价。本章根据水量平衡方程，结合黄河流域分布式水文模型——WEP-L 模型，从水循环角度对区域土壤水资源进行初步评价，并结合流域的土地利用状况的变化，剖析了土壤水资源动态转化过程中补给与消耗特点，分析了流域土壤水资源数量、消耗结构和消耗效率的时空间演变特征，针对土壤水资源的数量和消耗特点提出了土壤水资源合理利用的方向和可能的调控措施。

第 5 章海河流域土壤水资源及其消耗效率评价。本章以海河流域综合模拟平台中的核心工具——WEPLAR 为基本工具，通过不同气象系列、历史系列年下垫面条件下水循环全过程的精细模拟，对土壤水资源的数量、消耗结构、消耗效率进行系统评价，并对比分析了流域高强度人类活动影响及不同气象条件下土壤水资源的动态转化关系，探索了海河流域土壤水资源合理利用的方向，为流域深入开展"耗水"管理提供了重要支撑。

第6章松辽流域土壤水资源及其消耗效率评价。本章以松辽流域水资源分布二元演化模型——WEPSL模型为基本工具，在对1956～2006年系列水文气象资料，历史系列下垫面和现状下垫面条件下，松花江区水循环要素全面动态模拟的基础上，对流域土壤水资源的数量、消耗结构和消耗效率进行了初步评价，揭示了在"自然—社会"二元水循环条件下，土壤水资源的时空演变特性，为进一步调控奠定了基础。

第7章土壤水资源调控策略研究。本章在全面综述了我国影响粮食生产的两大刚性约束——土地资源和水资源现状及面临问题的基础上，为合理利用有限的水资源，以及针对国民经济发展大户——农业，在剖析农业水循环原理的基础上，提出了土壤水资源管理的策略和基本调控方向。

第8章结论与展望。本章首先总结第1～7章的主要研究和主要成果，然后结合当前土壤水资源的研究现状以及未来水资源管理的趋势，从土壤水分在水循环、能量循环和物质循环过程中的作用三方面，展望了未来土壤水资源的研究趋势。

希望相关研究成果能够对区域/流域水资源的合理利用、提高水资源利用效率，改善水资源匮乏的现实提供参考。

本书涉及的成果主要是基于作者所参与的研究工作，及相关研究报告的进一步完善。第1、2章主要由杨贵羽、潘新撰写；第3、7、8章主要由杨贵羽、王浩撰写。第4、5章主要由杨贵羽、贾仰文撰写。第6章主要由杨贵羽、严登华撰写。全书由杨贵羽、王浩、贾仰文统稿。

在此对在研究过程中给予支持和帮助的周祖昊教授、仇亚琴教授表示衷心的感谢。对在成书过程中，给予极大鼓励的汪林教授、王建华教授、王芳教授表示衷心的感谢。同时，也感谢气候室里一直默默支持我工作的肖伟华博士、鲁帆博士、杨志勇博士、吴迪博士、李传哲博士、黄彬彬博士后、于赢东硕士、张鹏硕士等同仁。

因时间和作者水平有限，对于土壤水资源评价理论的研究还不够深入，所提出的理论和方法不尽完善，书中不足之处，敬请广大读者批评指正。

杨贵羽

2013年5月

目　　录

第1章 绪 论

1.1 土壤水及土壤水资源研究的意义

土壤水是地表水与地下水相互联系的纽带，在水资源的形成、转化与消耗过程中，具有不可或缺的作用。土壤水的数量、质量及其运动转化状态不仅与水文水资源密切联系，而且与农业气象密不可分。在水文水资源方面：土壤水作为"四水"（或"五水"）转化过程中的中间环节，其数量的多少和运移状况，一方面，直接关系着大气降水的下渗和径流性水资源的动态转化，影响着区域土壤和植被的蒸发蒸腾，进而全面影响陆域水分的收支；另一方面，作为区域/流域水分支出重要构成要素之一的土壤水的蒸发蒸腾消耗，又通过积极参与大气与地表、土壤层的热交换，影响着陆域的能量平衡，进而反作用于水量平衡，从而对水循环产生间接影响。在农业生产方面，土壤水作为土壤的有机构成要素之一，不仅影响着土壤的物理性质，制约着土壤中养分和溶质的溶解、转移及微生物的活动，而且作为陆面生态系统最直接的水分源泉，关系着陆域农作物和植被的长势，影响着区域农作物种植结构和灌溉制度，其数量和空间分布与农业干旱程度与状况密切相关（王浩和杨贵羽，2009）。由此可见，土壤水在水资源领域、农业生产和生态环境领域均具有极为重要的作用，长期以来发挥着极为重要的资源作用。因此，面对全球气候变化和高强度人类活动影响下径流性水资源匮乏程度的日益加剧，以及生态环境的恶化，使得从资源角度认识土壤水，从水量收支角度加强土壤水资源管理将成为更深层水资源管理不容忽视的重要内容之一。

与此同时，随着科学技术的发展，人类开发利用水资源的能力进一步增强，水资源的内涵不断丰富，1988 年联合国教科文组织（UNESCO）和世界气象组织（WMO）给出水资源的概念是：人类长期生存、生活和生产活动中所需要的既有数量要求又有质量要求，并为适应特定地区的水需求而能长期供应的水源，包括地表水、地下水、土壤水、冰川水和大气水。"从自然资源的观念出发，与人类生产与生活有关的天然水源"均可作为水资源（刘昌明，2001），以及水圈中的任何水对人类都有着直接或者间接的利用价值，都可以视为水资源等有关水资源概念。Falkenmark（1995）开展的"绿水"资源研究等，都已从不同角度体现了土壤水的资源特性和土壤水应属于水资源的范畴。

尽管土壤水分自身时空变化的复杂性使得从区域、大尺度角度探讨土壤水的难度较大，但是，随着遥测遥感空间技术和大型计算机技术，"3S"技术（即RS技术、GIS技术和ES技术）和分布式水文模型等科学技术的发展，均为从区域大尺度（区域尺度）开展土壤水资源研究提供了强有力的工具。因此，从水资源的概念和土壤水分动态转化的定量化技术工具方面均为开展宏观尺度土壤水资源研究奠定了基础。

总之，面对我国径流性水资源匮乏程度日益严重、生态环境恶化、干旱频发等现实情势，充分利用先进的监测计算工具，精确了解土壤水分的动态转化状况、加强对土壤水资源特性的研究不仅必要而且可能。2002年8月29日第九届全国人民代表大会常务委员会第二十九次会议通过的《中华人民共和国水法》指出："水资源包括地表水和地下水"，仍未能全面反映可持续发展不同层面需求的现实。

为此，本书针对迫切的现实需求和土壤水的资源特点，通过总结大量相关研究成果和有关土壤水在动态转化中的特点，从其对生产、生活和生态中所发挥的作用三方面，系统梳理土壤水的资源特性、土壤水资源的概念以及相关评价成果后，结合土壤水分在生产建设和生态保护方面的作用，立足于水资源的"有效性、可控性和可持续性"三大属性，在理论上重新定义了土壤水资源，构建了土壤水资源评价指标体系，并结合土壤水库的补给与消耗特点，提出并推导了土壤水资源数量和消耗转化的评价准则和界定方法。在此理论基础上，以地面监测数据、RS/GIS以及分布式水文模型等先进技术为工具，对黄河流域、海河流域以及松花江流域的土壤水资源数量和动态转化特性进行了初步评价。最后，立足于更深层的水资源需求管理——耗水管理的发展趋势和农业水循环原理，结合我国水土资源特点，探讨了我国土壤水资源调控的策略和调控方向。

1.2　土壤水的研究现状和发展趋势

土壤水不仅参与水循环过程，而且是整个大气、植被、地表、地下水等各水循环环节的重要纽带。同时，作为农作物生长、生态环境健康发展最直接的水分源泉，土壤水与粮食生产和生态环境保护直接相关。因此，长期以来土壤水一直在生产和生活中发挥着极为重要的作用，受到农业、生态和水资源等众多领域的广泛关注。然而，由于土壤水的复杂性，因此相关研究的进展较为缓慢，且直到1907年土壤水毛管势提出后，土壤水研究才从早期的定性描述性研究转向定量分析研究，而快速发展阶段始于 20 世纪 50 年代。纵观土壤水的研究可集中的概括为以下四方面：土壤水运动机理的研究；不同时空尺度下土壤水分监测方法和监测手段的研究；土壤水分动态转化的定量化方法研究；基于水资源特性开展的土壤水资源研究。

1.2.1　土壤水运动机理的研究

土壤水运动机理的定量研究主要集中于以土壤水系统为对象的研究、土壤水与其相关子系统作用关系的研究两方面。

以土壤水系统为对象的研究，按照研究进程分为两个阶段，即以形态学观点占主导的阶段和以能态学观点占主导的阶段。以形态学观点占主导的阶段主要出现在 18 世纪 30 年代之前，是从土壤水存在、运动的表观现象对其进行的定性描述。之后，由于形态学的观点不能完全从机理的角度说明土壤水的运动转化行为，一些研究者致力于能态学观点的土壤水运动机理的探讨。对于以能态学为主导的土壤水运动机理的定量研究是以 1931 年 Richards 提出的非饱和流基本方程为基础，是从水分运动的能量驱动角度开展的。Richards 非饱和流基本方程（Richards，1931）为从机理上认识土壤水的运动奠定了坚实的基础，使得土壤水的研究逐步由静态走向动态，从定性走向定量。特别是 20 世纪 80 年代以来，随着测试手段和计算机应用技术的发展，以及学科间的相互渗透，土壤水分的研究由经验到理论，由定性到定量发生了质的转变，国内外众多的研究者从能量角度对土壤水进行了系统的分析，并涌现出大量有关土壤水定量分析的专著，如 *Soil Water*（Nielsen et al.，1972）、*Soil and Water Physical Principles and Processes*（Hillel，1971）、*Application of Soil Physics*（Hillel，1980）、*Computer Simulation of Soil Water Dynamics*（Hillel，1987）、《土壤水动力学》（雷志栋等，1988）等。这也为相关应用学科的发展奠定了坚实的理论基础。

与此同时，土壤水与各相关子系统间的作用关系研究也得到了发展。Philip 于 1966 年提出了较为完整的土壤 - 植被 - 大气系统（soil- plant- atmospheric continuous，SPAC）概念，将土壤水运动的研究范围由非饱和土壤水子系统扩展到土壤-植被以及大气系统，他认为尽管介质不同，界面不一，但在物理上都是一个统一的连续体，水在该系统中的流动过程就像连环一样，相互衔接，而且完全可以应用统一的能量指标加以表述。这使土壤水的研究空间得以扩展，由对单一的土壤系统的研究转向土壤、植被和大气等相关水循环子系统间相互作用关系探讨的基础（Philip，1966）。在这些方面，我国也得到迅速发展。1983 年谭孝元首次在国内提出了 SPAC 水分传输的电模拟方程式以及流经 SPAC 系统的水分通量数学模型；邵明安等（1986）利用此原理，定量分析了 SPAC 系统中水流的阻力；1996 年张蔚榛在总结土壤水和地下水相互作用关系研究成果的基础上，出版了《地下水与土壤水动力学》；康绍忠等（1992）在对 SPAC 系统水分传输机理研究的基础上，提出了包括作物根区土壤水动态模拟、作物根系吸水模拟和蒸发蒸腾模拟 3 个子系统组成的 SPAC 系统水分传输的动态模拟模型；荆恩春等（1994）通过试验分析了土壤水的运动行为。但是，由于水分在 SPAC 系统中各环节运动和变化的物理机制还存在许多不清楚的地方，如干土层和大气中的水分扩散，液态水到气态水的相变，土面蒸发和叶面蒸腾等原理并不十分清楚。因而，目前有关 SPAC 系统中不同环节更细的研究尚处于半经验半理论阶段，仍有较长的路需要探索。

在此期间，为进一步认识土壤水在系统间的相互转化机理，还有一些研究者，立足于土壤水运移理论，从土壤水作为影响因素和土壤水作为被影响因素两方面开展了大量的研究，相继提出了土壤水溶质运移（史海滨和陈亚新，1993；杨金忠和叶自桐，1994；李韵珠和李保国，1998）、土壤水与作物关系（邵明安，1987；邵明安和 Sinmonds，1992；尚松浩等，1997；郭群善等，1997）、土壤水热运动（胡和平等，1992；杨邦杰和隋红建，1997）、土壤水分运动参数的确定（Buidine，1953；Garden，1956，1970；Wind，1968；Mualem，1976；邵明安，1991；许迪，1996）等理论。尽管这些方面的研究日臻完善，以上众多有关土壤水运动的研究为从机理上认识土壤水的动态转化特性奠定了坚实的基础，也为宏观尺度上开展相关研究和应用提供了支撑，但是由于研究区域的扩大以及土壤水空间变异性较大等特点，因此有关土壤水的研究仍有较多的方向需要探索。为合理实施水土保持，改善流域/区域的水土流失状况，目前针对特定土壤、特定区域和用水结构条件下的 SPAC 系统中土壤水运动机理成为又一重要研究方面（邵明安，等，1999；陈洪松和邵明安，2003）。

1.2.2　不同时空尺度下土壤水监测方法和监测手段研究

土壤水监测是开展土壤水运动机理研究和定量分析的前提。随着土壤水研究范围、研究深度的逐渐扩大，不同空间尺度上土壤水监测的研究相继问世。目前相关的研究集中于以下两大方面，即田间和实验室等中小尺度的研究，结合遥感遥测反演方法及技术的宏观大尺度研究。

1）田间和实验室尺度土壤水监测方法研究

田间和实验室尺度土壤水监测方法绝大多数采用的仍是传统方法，主要包括：经典的土钻法、张力计法、中子仪法和时域反射仪，以及与此相关联的几种监测技术相结合的联合监测法。

土钻法，也称烘干法（朱祖祥，1983），是一种公认的简单易行且有足够精度（最经典和最准确）的测定土壤含水量的方法，且是目前广泛用于探讨田间和实验室尺度的直接测量土壤水变化行为的方法。尽管该方法为土壤水的定量研究提供了坚实的试验基础，然而，该方法也存在一些不足，主要体现为三方面：①利用此方法只能测定土壤含水量，且必须在已知土壤容重的条件下获得；②在取样和测定过程中常造成土壤结构的破坏；③在进行连续土壤水监测时，必须不断地变动取土点，由于土壤的空间变异性使所测得土壤含水量往往存在很大的差异，造成所测定的土壤含水量不能代表真实情况。

张力计法，也称负压计法，是利用土壤负压来显示土壤水状况的方法。张力计发明于 1931 年（Richards，1931）。之后为实现记录的自动化，一些研究者对张力计进行了数据记录和传输方面的改进（Long，1984），但其基本原理不变，即是利用张力计测得土壤水基质势，结合土壤水分特征曲线，推出土壤含水量。尽管张力计的使用非常广泛，但是主要体现在测量过程中易受环境温度的影响（高照阳等，2004），不适宜用于极端干旱土壤水的测量，在一定程度上影响了该方法的进一步推广。

中子仪法，也称中子土壤湿度计法，起源于 20 世纪 40 年代，60 年代开始在水文领域的相关定量化研究中得到应用。其基本原理是通过测量快中子与土壤水中氢原子的碰撞而转化为慢中子数量的方式监测土壤水的状况。在测量过程中，操作较为简便，只需要将探头插入预设的测量位置便可测得该位置周围的土壤含水量，改变探头的高度即可获得不同土层的土壤含水量。该方法具有能够定位观测土壤水的动态过程和测量过程中所受扰动较小的优点，一度被广泛采用。它不仅应用于田间土壤水的测定，而且还广泛地应用于工业、建筑业以及水利工程建设中。然而，其不足主要体现为由于快中子大量向空中逃逸而造成的测量误差（周钟瑜，1986），已难以胜任对作物根系层土壤含水量的研究。另外，由于不能实现长期大面积的动态监测，而且存在对人体健康造成危害的致命缺陷，中子仪法近年来已经在发达国家遭到弃用，在国内也仅有少量用于实验研究。

时域反射仪（time and domain reflector，TDR），是为克服以上测定方法的不足，开展不受土壤类型、结构、密度、温度等因素影响的更加精确的仪器。TDR 是加拿大农业土地资源管理中心的 Topp 等于 1980 年，在总结前人微波、电容法的基础上根据电磁波的传导原理，设计并制造出的（Topp et al.，1980）。这种仪器可以克服插入式中子仪不能测定土壤表层含水量的缺点。其测定土壤含水量的原理相当简单，通过放置或垂直插入土壤中的探针发射阶梯状高频电磁波，电磁波在探针末端反射回来，设备通过电磁波的发射和接收时间差来测量土壤含水量（泽春浩，1994）。然而，其不足是在导电率较高的土壤中，其测量精度将下降。

驻波比法（standing wave ratio），Topp 等在 1980 年提出了土壤含水率与土壤介电常数之间存在着确定性的单值多项式关系，为土壤水测量研究开辟了一种新的研究方向，即通过测量土壤的介电常数来求得土壤含水率。从电磁学的角度来看，所有的绝缘体都可以看作是电介质。对于土壤来说，其电介质主要是土壤固相物质、水和空气三种电介质组成的混合物。在常温状态下，水的介电常数约为80，土壤固相物质的介电常数为 3～5，空气的介电常数为 1，因而，影响土壤介电常数的因素主要是含水率。Roth（1990）等提出利用土、水和空气三相物质的空间分配比例来计算土壤介电常数，并经 Gardner 等改进后，为采用介电方法测量土壤水含量提供了进一步的理论依据，并利用这些原理进行土壤含水率的测量（Gaskin and Miller，1996；Gardner et al.，1998）。我国学者也开展了相应的研究（孙宇瑞和汪懋华，1999；孙凯，2004）。由于操作简单，精度相对较高，此方法成为目前国内外广泛采用的测量土壤含水量的方法。

光学测量法，是一种非接触式的测量土壤含水率的方法，最早是 Bower（1965）提出多孔介质中光的反射与其含水率相关，随后一些研究人员利用光的反射、透射、偏振与土壤含水率具有一定相关性而进行土壤含水量推测的方法（Hoa，1981；Zhang et al.，2000）。尽管该方法具有非接触式的优点，但是由于受土壤变异性影响，精度低（马孝义等，1995），适应性不强，其研究与开发的前景并不乐观。

与此同时，一些研究者也结合不同的研究深度，提出真空蒸馏技术提取土壤水分的实验研究（王涛等，2009），及共沸蒸馏法提取植物水蒸发与土壤水的研究（张丛志和张佳宝，2008）。

尽管以上各种土壤水测定方法和监测手段对认识土壤水的含量、土壤水的运移状况提供了支撑，并为进一步开展土壤水的定量研究奠定了基础。但是，这些监测方法均存在取样较为稀疏、代表范围有限、数据收集时效差、人力财力消耗大等问题，尤其在宏观大尺度监测中大多存在以点代面，难以开展较大尺度区域监测的共同问题。

2）遥感监测与反演土壤水的方法

遥感监测土壤水为开展宏观大尺度土壤水研究发挥了重要作用。该方法是利用遥感能够应用传感器获得地表反射或辐射的能量，在客观反映地面综合特征的基础上进行的。其优势，一方面在于它能够频繁和持久的提供地表特征的面状信息，是对传统的以稀疏散点为基础的对地观测手段的一种扩展；另一方面在于遥感可以进行反演，即可从携带地理信息的电磁信号中提取地物的特征，通过模型进行反演得以实现（彭望琭和白振平，2002）。模型反演是遥感监测地面物质的根本性问题。因而在监测土壤水分时，利用遥感原理，通过传感器来接收土壤水分的光谱信息，并经过相应的信息技术处理，结合地面的调查，反演土壤水分状况是遥感监测土壤水分的研究重点，具有小尺度田间观测难以实现的优点。而且随着遥感监测技术和反演技术的发展，能够简便、快捷、快速、有效地获取土壤属性分异特征的新遥感技术方法正在逐渐取代原有传统的大面积地面定点观测，为大范围区域土壤水含量的实时或准时动态监测提供了条件。

利用遥感技术监测土壤水的研究始于20世纪60年代末。随着遥感技术的不断发展，遥感监测土壤水的方法也在不断发展和完善。特别是近30年来，随着土壤水研究尺度的扩大，利用遥感反演土壤水的方法引起了广泛关注，出现了大量利用RS反演土壤水的图形信息（mapping information），为从区域角度认识土壤水提供了便利。利用遥感反演或监测计算土壤水（墒情）的方法较多，从宏观上可将其分为两大类：一类是利用微波遥感对地表土壤湿度进行直接测定（陆家驹和张和平，1997）；另一类是根据可见光或红外波段的RS资料反推土壤含水量进行间接测定。间接测定方法是目前应用较多的方法，该方法是通过获得的地表能量和作物生长状况信息建立与土壤水相关关系的经验公式，从而获得土壤含水量。

目前有关RS反演土壤水的总体思路相似，但是由于研究目的和精度的不同，国内外的研究者发展了具有不同原理的监测反演方法，主要研究方法包括热惯量法（Watson，1971，1974；Rose，1986；隋洪智，1990；张仁华，1991；England and Galantowicz，1992）、蒸散发与作物缺水指数法（Jackson and Idso，1981，Jackson et al.，1988；Jupp，1990；Moran et al.，1994；赵昕奕等，1999）、植被指数法（普布次仁，1995；陈乾，1994；王鹏新等，2001）等。

热惯量法，是由Watson等（1971）首次提出，是一种在裸地或低植被覆盖条件土壤的能量平衡方程基础上，对土壤表层水分进行定量反演的方法。其基本原理是依靠土壤的一种热特性是引起土壤表层温度变化的重要因素，影响土壤温度日较差的大小，同时由于水分具有较大的热容量和热传导率而使得较湿的土壤具有较大的热惯量。因此，土壤水与土壤热惯量间有重要的联系，为此依据热惯量可获得土壤水。

蒸散发与作物缺水指数法（crop water stress index，CWI），最早由Jackson等（1981）以能量平衡为基础提出的，是以水分供应为蒸散过程的基本条件，土壤水含量与叶面温度密切相关，影响蒸散速率为依据，根据蒸散作用与能量和土壤水含量的关系，把一定条件下充分供水的蒸发定义为潜在蒸发，把实际蒸发与潜在蒸发的比值定义为作物缺水的度量，进行土壤水含量的计算。

植被指数法，是卫星传感器不同通道探测数据的线性或非线性组合，能够反映绿色植物生长和分布的特征指数。植被指数的时空变化与土壤水状况有一定的相关性。目前最常用的有归一化植被指数、距平植被指数以及条件植被指数。

以上相关遥感反演土壤水方法的应用使土壤水监测的时空尺度得到了较大的发展，为认识土壤水提供了可资利用的资料。但是，不同方法由于受到不同因素的限制，因而应用范围不同。热惯量法比较适合于植被覆盖度低的地方；蒸散发作物缺水指数法与热惯量法恰好相反，对于植被盖度较低的地方会夸大植被的作用，进而影响监测精度；植被指数法和热惯量法需要较长时间的遥感影像，在实际应用中比较困难（仝兆远和张万昌，2007）。但相比而言，热惯量法和植被指数法由于具有较强的物理基础而成为监测土壤水和农业干旱较为成熟的方法。

综上可见，遥感监测土壤水的优势很明显，但是其不足也很突出。由于遥感监测不是全范围、全时期的监测，就其原理而言，主要基于能量平衡，缺乏对土壤水在水量平衡中所发挥作用的体现。同时，目前通过数据反演推求土壤水的方法实质是一种利用卫星资料和相应的地面资料进行统计回归的方法，原理性较差。为提高遥感反演土壤水的精度，获得对不同埋深处土壤水的认识，需对不同监测对象采用不同方法进行处理（Jackson，1993；Kostov and Jackson，1993），如统计外插法（Rose，1986）、辐射反演转换法（England，1992）、参数剖面模型法（隋洪智等，1990），以及将观测到的数据输入到土壤水预测模型等（张仁华，2001）方法。不同的反演方法，其适应性条件差异较大，如利用微波遥感对地表土壤湿度直接测定主要集中于土壤表层（0~20cm）（Jackson et al.，1989；Wim and Bastiaanssen，2000）；微波方法、可见光近红外方法、热红外方法以及二者相结合的方法适用于不同植被盖度的地面状况。因而，根据不同遥感方法的特点，针对区域特点，开展遥感技术对土壤水的定量研究成为一个新的探索方向。

1.2.3　土壤水动态转化的定量化方法研究

土壤水运动较为复杂，因而其动态转化过程中的定量化模拟方法较多，主要概括为以下三方面：基于土壤水动力学的数值模拟方法、基于水量平衡的土壤水定量研究方法、宏观尺度土壤水的定量化方法。

基于土壤水动力学的数值模拟方法，其原理主要依据 Darcy 定律和连续原理建立水流基本方程，进而采用有限差分方式进行计算。由于其原理较为清楚，且建立在严格的科学基础上，比较接近田间实际，且随着计算机技术的发展，有关基于水动力学的数值模拟方法先后经历了非饱和土壤水一维运动的数值计算和非饱和条件下二维水流动态模拟研究，使得此定量化方法基本摆脱了过去静态或孤立的水分形态学研究的局面，从而被广泛采用。我国经典的论著有《土壤水动力学》（雷志栋等，1988）、《地下水与土壤水动力学》（张蔚榛等，1996）、《土壤水热运动模型及其应用》（杨邦杰和隋红建，1997）。但是，由于受土壤物理性质和其他因素的影响较大，空间变异性问题突出，该方法仅能够用于特定条件下土壤水转化过程，难以用于较大区域。

基于水量平衡的土壤水定量研究方法，该方法是在确定的时空条件下，研究均衡要素的变动情况。由于原理明确，操作简单，可避开一些变异性较大的土壤物理参数的获取，因而在较大区域上被广泛采用。例如，石元春和辛德惠（1983）采用此方法对黄淮海平原的水均衡进行了系统模拟；Zelt（1993）采用此方法对美国大平原的水分平衡状况进行了研究。相关研究为大区域认识土壤水分运动特性，加强水分管理提供了支撑。尽管如此，由于土壤水系统的平衡要素较多、影响因素复杂，故存在难以准确获得的不足。

宏观尺度土壤水的定量化方法，随着有关土壤水定量研究的深入，Kostov 和 Jankson（1993）在总结以上众多方法的基础上，提出了一种较为先进的计算方法，即集遥感监测反演数据和计算模型于一体的定量土壤水运动的方法。他们认为仅依靠模型，特别是水动力学模型计算的土壤水，在模型的参数上存在误差，RS 监测的土壤水则又缺乏水平衡原理以及空间尺度转化等问题。因而，他们认为采用数据同化方法将 RS 技术与分布式模型相结合，可充分发挥两种定量方法的优势，是进行土壤水定量计算最好的方法。后来一些研究者也提出相似的看法（Entekhabi et al.，1994；Jackson，1988），认为将 RS 数据与水循环模型相结合进行土壤水研究，不仅有利于土壤水研究区域的扩展，而且也能很好的考虑区域土壤参数空间异质性问题。用此方法开展土壤含水量计算、土壤水动态转化关系研究成为近年来有关大尺度土壤水研究的主要方向之一。

关于将 RS 信息应用于水文模型来探讨水循环中各要素演变规律的研究较多，刘昌明（2001）将其概括为三类：第一类为 RS 资料与地面同步实测资料建立回归模型的方法，此方法一般用于低分辨率、长时段的水资源规划管理中；第二类为水量平衡模型，将 RS 资料和地面常规实测资料相结合，推求水量；第三类为紧密结合的遥感水文模型，即目前将 RS 数据、GIS 数据与分布式水文模型结合起来探讨水循环演化形式的研究。

纵观相关研究，将两者相结合进行水循环要素的研究越来越多。但是，由于土壤水自身的复杂性，矢量数据和栅格数据间格式转化问题（Ehlers，1991），造成许多研究只与 RS 数据或 GIS 数据单独结合，且主要集中于土壤表层。因而，利用 RS 数据与流域水文模型相结合探讨土壤水的研究主要集中于前两个方面。开展紧密结合的遥感水文模型的土壤水的研究相对较少。

尽管如此，由于分布式水文模型具有强大的物理基础，能够充分考虑水文参数的空间变化行为，并能解决不同空间尺度的水文响应。同时，RS 数据又能从根本上改变传统的观测手段，获得常规手段观测不到的大尺度区域数据。因而，将 RS 数据与分布式水文模型相结合，对依赖于输入数据和过程参数的分布式水文模型的计算精度具有较大的提高（Pauwels et al.，2001；Boegh et al.，2004），也只有充分运用 RS 技术手段，分布式水文模型的模拟精度和应用前景才会得到更进一步的发展，对于空间变异性较大土壤水的模拟精度和监测范围才能得到扩展。因而，将 RS、GIS 和分布式水文模型结合的第三类分析方式已成为未来从宏观角度探讨土壤水的主要发展方向。近年来，国内外已经出现了一些将相关研究（Islam et al.，1999；Butts et al.，2001；Andersen et al.，2002）。利用该方法探讨土壤水的研究也受到重视（Bruckler and Witono，1989；Houser and Shuttle Worth，1998；Li and Islam，1999，2002；杨贵羽，2006）。

总之，不同尺度土壤水监测和模拟方法的研究为认识土壤水奠定了基础。处于不断发展中的遥感监测和反演技术，以及分布式水文模型的发展，都为从宏观角度开展土壤水分研究提供了一种经济有效的方法。同时，分布式水文模型与 RS 技术相结合的各种方法的发展，也将成为从宏观角度认识土壤水分的发展趋势。这也将为进一步从水循环的角度探讨土壤水的数量、质量、循环转化特性提供有力的支撑，为进一步从资源角度探讨土壤水提供了条件。

1.2.4 基于水资源特性的土壤水资源的研究现状与发展趋势

尽管土壤水的可利用性是众所周知的，在土壤中存在水资源的功能也早已被人们所认知，而且有关土壤水的监测方法和监测技术研究，其最终目的也为更加合理的利用土壤水服务。但是，由于土壤水不像地表水、地下水那样集中分布或聚集，也不能由人工直接提取、运输，将土壤水作为资源的研究相对较少，更缺乏从宏观尺度上加以利用的研究。然而，近年来，随着径流性水资源匮乏程度的日益严重，生态环境问题突出，立足于宏观尺度将土壤水从资源角度加以利用逐渐受到重视，从资源角度开展土壤水研究成为水资源需求管理和流域生态文明建设管理中关注的热点问题之一。全球水伙伴在水资源综合规划（Integrated Water Resources Management Plan，IWRMP）中指出，水资源应包括大气水、地表水、土壤水、地下水、再生水等多种形式，它们都是水循环的重要组成部分，有着复杂的相互转化关系，共同维系着人类社会经济系统和生态环境系统的发展与延续；2000 年召开的第 10 届世界水大会的四大议题之一——流域水资源管理（柳长顺等，

2004）和之后的全球水伙伴，均认为流域水资源管理存在的最主要风险是水资源数量不清，而土壤水资源数量是流域生态用水与需水不清的一个重要方面（段争虎，2008）。

为此，为增加水资源可利用量，摸清区域水资源的"家底"，一些研究者尝试性的从"开源"角度开展了土壤水资源研究，但绝大多数集中于田间尺度。例如，王保秋（1999）等针对包气带表层土壤孔隙中水分，建立了以土壤水存储量和土壤水调节量为对象的评价指标，并认为作物可利用的土壤水应该是扣除毛管含水量之外的所有水量；夏自强和李琼芳（2001）认为土壤水资源量不是其蓄量资源，而是以区域多年平均水量平衡方程为基础来确定并可更新的土壤水资源数量，基于此构建了包含以土壤储水量、多年平均可更新的土壤水资源量以及可开发利用的土壤水资源量三大评价指标，并用淮河流域和宁夏的田间试验数据作了分析。程伍群等（2001）立足于农田尺度上，针对土壤水在农业、林业和牧业中的作用进行了土壤水资源的定义和相应的计算。由懋正和王会肖（1996）从农业生产角度进行了华北农田作物生长季耕作层土壤水资源的评价。

另外，针对大多数水管理都趋向于将管理重点集中在"蓝水"（指看得见的地表径流和地下径流的液态水），即侧重地表水和地下水的管理，而忽略了生态系统和雨养农业的重要水源的现实。1995 年 Falkenmark 首次提出了"绿水"的概念，国内外学者和研究机构从不同角度进行了阐述，并开展了相关定量研究（Falkenmark，1995；程国栋等，2006；刘昌明等，2006）。由于这里的"绿水"是指源于降水、存储于土壤并通过植被蒸发蒸腾消耗的水汽，这在很大程度上体现为土壤水资源。按照我国水资源评价准则，"绿水"资源是土壤水资源和地下水资源直接用于蒸发蒸腾消耗水量的总和，存在与地下水资源重复的部分。

由此可见，近年来越来越多有关土壤水资源评价、土壤水承载能力分析等研究涌现出来，为进一步深入研究、加强农业水资源管理发挥了重要作用。但是，绝大多数研究集中于农田尺度，对宏观流域/区域尺度上的相关研究几乎没有。而从小区域农业可利用性出发的土壤水资源研究，是为根系能够吸收利用的土壤水分（肖乾广，1994；由懋正等，1996），对于参与整个陆地水循环的包气带内全部土壤水的认识则存在空缺，这不符合水循环的动态连续性的自然特性，也忽视了土壤水资源的生态环境作用。为此，杨贵羽（2006）突破了狭义水资源定义中所强调的能被人类直接利用的水资源属性的界限，将广泛存在于人类生存环境中并能为人类直接或间接利用的水（包括土壤水资源）全部纳入评价范畴，提出了广义水资源的概念，并对土壤水资源进行了初步分析，为宏观尺度开展土壤水资源的研究奠定了基础，也为今后土壤水资源的研究拓展了空间。

　　与此同时，在多年平均尺度上，土壤水最终均以蒸发蒸腾的形式被消耗。其消耗效率的确定直接关系着流域水资源的高效利用。然而，目前绝大多数相关的研究集中于农田SPAC系统，以单一植株和农田生态系统为对象，分别从植株叶片水分利用效率和农业产出水分利用效率方面对土壤水分消耗加以分析。尽管这些研究为提高农业水资源利用效率发挥了极为重要的作用，但是，对于较大尺度，立足于水循环收支状况，指导水资源的更深层次需求（耗水）管理存在明显不足。

　　为此，出现了一些从水资源消耗角度加以全面控制区域调控的探索性研究。Falkenmark和Rockstrom（2006）从粮食生产和生物量生产中消耗的水资源主要是"绿水"的角度，提出结合"绿水"的生产性消耗和非生产性消耗，进行"绿水"和"蓝水"综合管理是解决未来粮食安全、缓解水资源不足的重要方面的论断；世界银行资助的GEF项目——海河流域水资源与水环境综合管理规划（2004年）和国家重点基础研究发展计划（973计划）"海河流域水资源演变规律与水资源高效利用"项目（2010年）提出了以耗水——蒸发蒸腾（ET）管理为核心的水资源需求管理理念，强调要加强水资源的消耗管理。尽管研究在一定程度上体现了对土壤水的利用，但针对土壤水资源消耗的研究则并不多见。土壤水资源作为植被生长发育最直接的水分源泉，长期以来一直以蒸发蒸腾的方式支撑并保护着农业生产和生态环境建设。王浩等结合黄河流域土壤水资源状况和土地利用特点，剖析了土壤水资源消耗效率对区域生态和水资源利用的作用（王浩等，2009）。以上研究仍处于起步阶段。

　　总之，纵观有关土壤水资源的研究可见，目前对于土壤水及其资源特性研究主要集中于利用不同尺度监测技术和相关反演统计进行土壤水动态特性的研究，且已取得了丰硕的成果，而就其资源特性的研究却相对较少。即使是目前较少的土壤水资源的研究，也由于对土壤水资源研究涉及范围不统一，使得其研究对象绝大多数集中于农业领域，且集中于可被作物根系吸收利用的浅层土壤孔隙中的水，对于研究对象也主要集中农田农作物水平上，结合经济和生态环境综合效应的土壤水资源的研究较为罕见，更进一步对其消耗特性的研究更是鲜有报道。然而，面对当前人增地减水缺、粮食安全问题和生态环境退化等现实情势，立足于水循环过程，从宏观尺度开展土壤水资源动态转化特性研究，加强土壤水资源评价，结合径流性水资源，开展更深层的水资源需求管理具有重要的现实意义，也是促进水资源、生活环境和经济社会良性发展的重要发展方向。

　　为此，本书拟立足于水循环过程，从宏观尺度开展土壤水资源数量和消耗效率评价理论和方法研究，为流域水资源管理提供支撑。

1.3 主要研究目标、内容与技术路线

1. 研究目标

针对当前水资源评价和管理对象重在径流量，对生产、生活和生态中发挥重要作用的非径流性水资源，尤其占非径流性水资源绝对大比重的土壤水资源重视不够，难以深入管理的现实，本研究拟结合水循环全过程中土壤水分的动态转化特点，提出土壤水资源的评价理论和调控方法，以补充完善传统水资源评价理论，为在实践中提高水资源利用效率，执行最严格的水资源管理，合理调控一切可利用的水资源量提供支撑。

2. 研究内容

面对当前水资源短缺、生态环境退化以及粮食生产等现实问题，以及深入开展更深层次水资源管理的现实需求，本书立足于水循环全过程，从水资源和生态环境可持续发展的角度，尝试性的进行了宏观尺度土壤水资源的定量分析理论与实践探索。

理论上，在综合土壤水的资源特性以及在生产生活中作用的基础上，立足于土壤水的动态循环特性，重新定义了土壤水资源，深化了当前土壤水资源的内涵，拓展了传统水资源的范围；同时，结合土壤水资源补给和消耗的动态转化特性及其影响因素，构建了区域土壤水资源数量和消耗效率评价理论体系，依据水量平衡原理和土壤水动态转化特性，进行了各指标的定量化推导。

实践上，结合当前水循环模拟中较为先进的分布式水文模型，与遥感信息、地理信息系统相结合，在系统模拟水循环过程的基础上，初步实现了以上理论在我国北方——黄河流域、海河流域以及松辽流域的应用，定量评价了各流域土壤水资源数量、消耗结构和消耗效率评价及其历史演变规律；结合我国水资源和土地资源对粮食生产影响的现实，进一步探讨了土壤水资源的调控策略和调控方向。

3. 技术路线

具体的技术路线如图 1-1 所示。

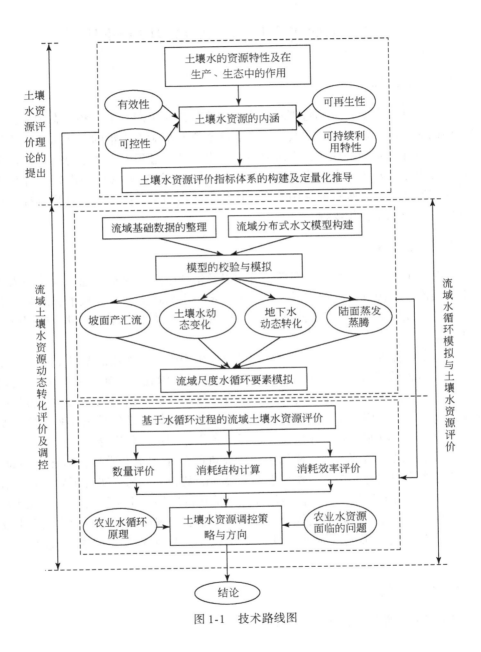

1.4 本章小结

本章结合土壤水在农业生产、生态环境保护以及水循环过程中的作用，简要阐述了开展土壤水分研究的意义，概括性地介绍了土壤水研究的现状和发展趋势，说明了开展土壤水资源研究的总体思路。综合以上研究现状和水资源开发利用中的现实需求，概述了研究目标、研究内容和技术路线。

第 2 章　土壤水的资源特性及土壤水资源内涵

2.1　土壤水的含义及其在生产实践中的作用

2.1.1　土壤水的含义及其分类

按照《辞海》的定义，土壤水（soil water）是指在水循环过程中，存在于地表面以下，存储和运移在土壤岩石孔隙、岩石裂隙或孔洞中，且土壤孔隙并未被水充满时，该土壤区域内的水分，即存在和保持于土壤非饱和带（也称包气带）中的水分。然而，由于研究领域、研究范围的不同，在确认土壤水仅指存在于土壤非饱和带内水分的前提下，在不同场合提及土壤水时其范畴不尽相同。一些研究者认为土壤水是指地表面以下至地下水面（潜水面）以上整个土壤非饱和带土层中的水分（雷志栋等，1999）；另一些研究者则将土壤水仅局限于土壤层中根系活动带内（由懋正和王会肖，1996）。另外，不同学科由于其研究的侧重点不同，对土壤水的空间和数量范围的确认也各有侧重。在水文地质学中，土壤水作为包气带水，通常把它与地下水合为一体进行整体研究，不能完全清晰的对全部土壤层非重力土壤水和重力水加以明确界定；在农业水文学中，把土壤水作为水循环中的一个组成环节和降水产流的一个组成部分进行研究；在土壤学中，土壤水仅指在一个大气压下，在105℃条件下能从土壤中分离出来的水分，其研究也主要集中于作物根系影响层；在地学中，土壤水则包括非饱和带范围内所有的水分。由此可见，由于土壤水自身的复杂性，不同研究领域对其关注点并不相同，从而使得有关土壤水研究的侧重点差异较大。

对于土壤水的物理形态以及不同类型土壤水的作用而言，土壤水最简单直观的分类方式是依据其存在形态分为液态水、气态水（蒸汽）和固态水（冰）。一般情况下，土壤中以液态水为主，约占土壤水的70%（杨培岭，2005），是农业和生态系统中植被生长发育的主要水分来源。气态水和固态水成分较少，主要以分散的形式存在于土壤的孔隙中，且不能被植被吸收利用。液态水又可按其承受作用力的不同分为吸湿水、薄膜水、毛管水和重力水（Hillel，1971）。

吸湿水（hygroscopic water）：指土壤颗粒通过其表面的分子力作用，从空气中吸收的气态水分子。由于土壤颗粒吸附力非常大，最大可达到一万个大气压，通常又被称为紧束缚水。土壤中吸湿水的多少取决于土壤颗粒表面的大小和空气的相对湿度。当土粒周围的水汽达到饱和时，土壤吸湿水量最大。此时对应的土壤含水率被称为最大吸湿水或吸湿系数。另外，吸湿水对溶质并没有溶解能力，也不能被植被根系吸收，故又被称为强结合水。

薄膜水（film water）：指当吸湿水数量达到最大时，土壤颗粒已无足够的力量吸附空气中活动的水汽分子，只能吸持周围环境中的液态水分子，在吸着力的作用下，吸持在吸湿水外的连续水膜，被称为薄膜水。当薄膜水达到最大值时的土壤含水量被称为最大分子持水量。

毛管水（capillary water）：土壤颗粒间存在着细小的孔隙可视为毛管，当土壤中的薄膜水达到最大后，多余的水分便在毛管力（表面张力）的作用下，存在于这些细小的毛管中，这部分土壤水被称为毛管水。毛管水的运动方向和运动速率由毛管力的大小而定，由毛管力小的方向移向毛管力大的方向，其上升高度与毛管孔隙半径成反比。当毛管水达到最大时，其对应的土壤含水量被称为田间持水量。毛管水又可按照是否与地下水相连分为两种类型：毛管悬着水和毛管上升水。毛管悬着水是指地下水位较深，在降水或灌溉后，由地表进入土壤被保存在土壤中的毛管水，一般与地下水之间无毛管上的联系，与下层干土层有明显的界线。毛管上升水也称毛管支持水，是指土壤中受到地下水源支持并上升到一定高度的毛管水。地下水位和毛管孔隙状况是影响毛管上升水的主要因素。毛管水的数量和存在形式直接影响着农业和生态环境中植被的生长和发育。

重力水（gravity water）：当土壤含水量超过最大田间持水量时，土壤颗粒中的水分不能被毛管力所吸持，多余的水分便在重力的作用下，沿土壤中较大的孔隙（或称为非毛管孔隙）下渗，这部分土壤水称为重力水。当土壤中所有孔隙全部由水充满时，土壤所持有的水量称为土壤饱和含水量。

综合以上四类土壤水分，根据其受力情况又可将其分为束缚水和自由水，其中吸湿水和薄膜水为束缚水，主要受分子力作用；毛管水和重力水为自由水，其主要承受的作用力为非分子力。不同类型土壤水的存在关系如图2-1所示。

2.1.2　土壤水在植被生命活动中的作用

土壤水在植被生命活动中的作用极大，含水量的多少直接影响着植被的生长。然而，由于不同类型土壤水分所受作用力不同，因而在实际生产生活中所发挥的作用也不完全相同，即使相同土壤含水量在不同条件下对植被的有效性也不相同。根据土壤水分与植被（作物）生长过程的作用关系，通常将其区分为有

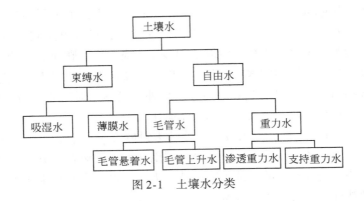

图 2-1 土壤水分类

效土壤水和无效土壤水。所谓有效土壤水，是指能够通过植被吸力克服土壤水分子间作用而被吸收利用的土壤水分，反之则为无效土壤水。不同类型土壤水的有效性如下：

吸湿水由于被紧紧地吸附在土壤颗粒表面，最外层吸附力约为 31atm[①]（贾仰文和王浩，2005），很难被植物吸收利用，也不能以液态的形式运移，因而通常认为是无效土壤水。

薄膜水是以水膜的形式存在于吸湿水表层的水分，其最外层水分所受的吸着力约为 6.25 atm，在一定程度上可以被植物的根系吸收。由于在农业生产和自然植被保护中，能被吸收利用发挥最直接效用的最小土壤含水量——凋萎土壤含水（也称凋萎系数），对应土壤介质的吸着力约为 15atm，因而仅有部分薄膜水可被作物吸收利用。

毛管水是作物生长发育过程中吸收和利用的主要水分构成，无论降水还是灌溉，保持在土壤中的水分均通过毛管作用力源源不断地供应于植被的根系。

重力水是土壤中饱和带土壤水的主要补给途径。

由以上分析可见，土壤中不同类型的土壤水对于植物吸收利用具有非等效性，因而土壤水分具有不同的使用价值。为探讨土壤水在生产实践中的作用，研究者从土壤水能态、形态角度提出表征土壤水特征的土壤水常数。所谓的土壤水常数，是指依据水分受土壤固相颗粒作用力所能达到某种程度时的水量。对于同一土壤来说，此时的含水量基本不变，故称其为土壤水分常数。土壤水分常数主要包括吸湿系数、最大分子持水率、凋萎系数、田间持水率和土壤饱和含水率。这些土壤水分常数直接地体现了各类土壤水在生产和生态中的效用。

吸湿系数（最大吸湿水量）：指在土壤颗粒周围水汽达到饱和、土壤吸湿水

---

① 1atm=101 325Pa。

汽量最大，对应的土壤吸力在 314 万 Pa 时所对应的土壤体积含水率。

最大分子持水率：指吸湿水与薄膜水之和对应的土壤体积含水率，通常为土壤吸力在 63.3 万 Pa 时的土壤体积含水率。

凋萎系数：是一个生物学指标，是指植物根系无法从土壤中吸取水分而产生永久凋萎时的土壤含水率，也称剩余含水率或残留含水率（residual soil water content）。此时土壤水主要由全部吸湿水和部分膜状水组成，通常是指土壤吸力为 150 万 Pa 时的土壤体积含水率。

田间持水率：指土壤中所能保持的最大毛管悬着水对应的土壤体积含水率。当土壤含水率超过此值时，土壤中的水分便以重力水的形式向下运动。其值为对应土壤吸力为 3.3 万 Pa 时的土壤体积含水率，通常认为是吸湿系数的 2.5 倍。

土壤饱和含水率：指土壤中所有孔隙都充满水分时的土壤体积含水率。由于土壤中空气气泡的存在，土壤饱和含水率实际上略小于土壤孔隙率，但在计算中常将其视为相等。

由此可见，不同土壤水分对植被生长并不是完全有效的，使得土壤水在生产和实践中的作用不同。其中可被植物吸收利用的有效土壤水仅包括重力水、毛管水和部分薄膜水，且在实际中由于田间土壤水不可能总是维持在最大——田间持水率水平，而是介于实际土壤含水量与凋萎含水量之间的土壤水，因而其效用差异较大。不同土壤水类型及表征其有效性的土壤水常数间的含水量关系如图 2-2 和图 2-3 所示。

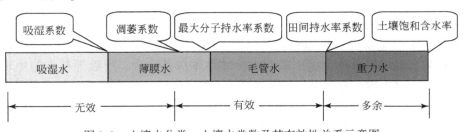

图 2-2　土壤水分类、土壤水常数及其有效性关系示意图

2.1.3　土壤水在生产和生态中的作用

万物生存离不开水，土壤作为一切生物生存发展的基础，是支撑人类社会基本生活、生产必需品粮食和其他食物链中最主要的水分要素。因而，长期以来在社会生产和生态环境保护方面发挥着极为重要的作用。早在 2000 多年前，农耕生产先哲就开始重视土壤水分的利用，如在最早的一部农书《氾胜之书》中就记载了有关土壤水分对农耕生产的重要性；贾思勰在其所著的《齐民要术》中强调了耕作要注意土壤墒情的道理；春秋时代《管子·地员篇》中还论述了土壤耐旱、耐涝

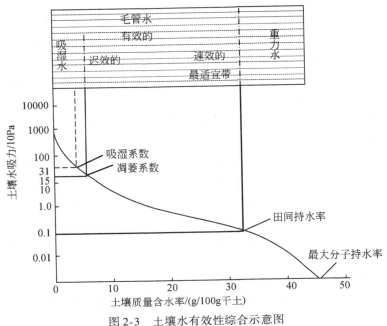

图 2-3 土壤水有效性综合示意图

资料来源：http://www.docin.comlp-424938214.html

的标准；《禹贡》一书中更是描述了将土壤水状况作为当时全国土壤分类和土地生产力分级的依据之一。

随着生产实践活动的扩展和技术手段的提高，人们也越来越认识到土壤水在农业生产中的重要性。正如农谚"有收无收在于水，收多收少在于肥"所说，农作物只有通过根系从土壤中吸收水分才能维持其光合、呼吸等基本的生理活动，也只有以土壤水分为媒介，吸收溶于土壤水中的养分并通过水分输送到作物的各个器官，才能正常发育。另外，土壤水也是构成和影响土壤基本性质的要素之一，影响着土壤中的养分和溶质的溶解、转移和微生物的活动，进而决定着农业生产的土地环境。因此，土壤水是农作物生长发育所需养分的载体，是植被生长的基本条件，也是农业高产、稳产的重要保证，对农业生态环境具有极其重要的作用。只有不断地调控土壤水分，使土壤中水、肥、气、热各要素处于和谐协调状态时，才能为植被的良性生长创造好的生态环境。

与此同时，随着陆域生态环境问题的出现，有关土壤水对生态环境的作用也受到普遍关注。如图 2-4 所示，土壤水是整个生态环境系统中最活跃、最关键的因素，在其不断的循环运动中，伴随着水分和其他物质的循环：一方面，土壤水的亏缺通过直接影响植被的生长和发育，作用于植被群落，对其繁盛与衰败起着决定作用，进而对生态环境造成水土流失、土壤退化、沙化、生态退化等间接危害；另一方面，土壤水也是污染物迁移转化的载体，其动态转换与土壤污染和地下水污染息息相关。近年来，环境污染、生态破毁、沙漠化、石漠化等生态环境问题，农药、化肥以及重金属等对土壤与地下水污染等问题，都与土壤水有着极为密切的联系。而且，随着全球温室气体排放量的增加，土壤水作为影响陆域碳同化的作用也日益凸显：一方面通过影响陆域土壤和植被体内碳的分配，直接影响植被的碳同化速率，进而影响区域 CO_2 的排放；另一方面，通过影响植被体内碳氮的分配，影响植被的生长发育，进而影响区域的碳氮固定。因此，土壤水分不仅是一个重要的环境因子而且与生态环境密切相关。面对目前全球热议的温室气体排放严重超标的情势，土壤水在生态环境中的作用将更加重要。

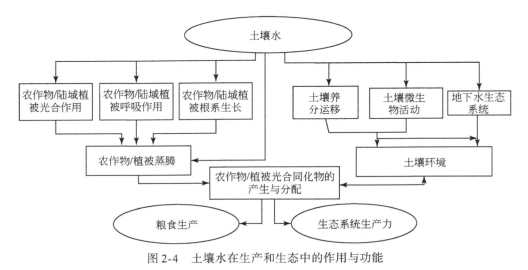

图 2-4 土壤水在生产和生态中的作用与功能

总之，土壤水不仅是农业生产中农作物生长发育的直接水资源，也是维持和保护生态环境的重要水分要素，对人类的生存和发展具有不可估量的重要作用，正如著名土壤水文学家 Г Н 维索斯基描述的——"土壤和母质的水连同其中的溶液，犹如有机体的血液，无水就无土壤"。

2.2 土壤水在水循环过程中的作用

土壤水在水循环系统中也占有极为重要的地位：一方面，作为水循环大系统的一个重要循环要素，土壤水要进行自身的循环转化，控制着非饱和带的水分和生态状况；另一方面，又作为水循环的中心环节，对其他各要素的相互转化发挥着承接作用。就在其参与整个水循环动态转化的过程中，构成了对陆域物质和能量的循环转化的影响，进而影响水循环和水资源的演化。

2.2.1 土壤水的动态转化及其补给和排泄关系

由图2-5可知，在自然和人类活动的共同作用下，由坡面产汇流过程形成的自然水循环过程和由"取水—用水—耗水—排水"环节形成的社会水循环过程，最终均回归于地下水、土壤水、地表水以及大气水构成的"四水"动态转化。按照系统论的观点，"四水"在动态有序的转化过程中形成了一个由大气水子系统、地表水子系统、土壤水子系统和地下水子系统组成的层次分明的水循环大系统。由于所受驱动力的差异而使得各个子系统内部形成自身特有的转化特性。其中，大气水、地表水和地下水的循环驱动以重力为主，从高水势向低水势方向运动；土壤水则与此不同，尽管它也受到地球引力的作用，从能量高处向能量低处运动和转化，并趋于能量的平衡状态，但是由于其赋存介质的差异而使其在重力作用下的运动极为缓慢，动能常被忽略不计，势能——土水势成为其运动的主要驱动力。当土壤水在自身系统内运动时，各子系统间通过蒸发蒸腾、产汇流、入渗以及人类的直接取水—用水—排水等水循环子过程实现了系统间水分的相互转化。

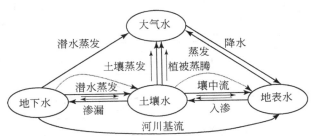

图2-5 二元演化驱使下的"四水"转化关系示意图

注：实线表示自然循环过程；虚线表示社会循环过程

1) 土壤水子系统内土壤水的运动

土水势是土壤水运动的决定因素，在其驱动下可实现土壤水在其存在的土壤介质中任意两点间的运动。所谓土水势，是衡量土壤水所具有能量的指标，通常是指：在土壤和水的平衡系统中，在标准大气压下，极小单位水量从一个平衡的土水系统可逆的移动到与它温度相同、处于参比状态自由水面时所做的功。土水势是由不同的分势能构成，主要包括重力势、压力势、基质势、温度势、溶质势及其他类型，如荷载势、湿润势等；但是不同状态的土壤水所受的分势能的种类和大小并不相同，因而土壤水的运动机理和特性也不完全一致。通常情况下，在饱和状态下，土壤水的基质势为0，在以压力势和重力势为主的土水势作用下形成了土壤中自由重力水的渗流运动；在非饱和状态下，土壤水的压力势为 0，其主要作用力为重力势和基质势，在二者作用下，土壤水运动属于缓慢的扩散运动。土壤水的渗流和扩散运动实现了土壤水在非饱和土壤水系统的再分配。另外，随着全球气候变化的影响，地面温度变化引起的局地土壤温度变化将造成温度势的改变。温度势也将会对土壤水的运动产生影响。有关土壤水所受的土水势及其他势能可参见《土壤水动力学》一书（雷志栋等，1988）。

土壤水的再分配过程：通常是指在保持土壤水总量不变的条件下，垂直和水平向不同土层之间含水量的变化过程。此过程受土壤类型、土壤含水量的多少等诸因素影响。当土壤含水量较大且土壤的透水特性较高时，土壤水的再分配速度较快，反之则较慢。土壤水再分配不仅有利于降水对地下水的补给，而且对土壤水的蒸发、植被蒸腾具有明显的影响。土壤水再分配过程直接影响着土壤水系统的补给排泄量，进而影响土壤水库土壤水的储量。

2）土壤水的补排转化过程

在"四水"转化过程中，土壤水的补给、消耗与其他各子系统密切联系，其中入渗、蒸发蒸腾和深层渗漏过程是实现土壤水在垂直方向上进行补给和消耗排泄的重要水循环过程。大气降水和灌溉水只有在入渗条件下才能进入土壤形成土壤水，进入土壤的水分在水势梯度的作用下，经过再分配使渗入土壤中的部分水分以土壤水的形式存在于土壤的非饱和带内。在此过程中还伴随着反方向的消耗过程，其主要的消耗形式为蒸发蒸腾。由此可见，降水或灌溉水入渗是土壤水的直接来源，蒸发蒸腾是其消耗的主要途径，而入渗后的再分配过程则决定着土壤含水量的空间分布，三者共同作用形成了土壤含水量。另外，在水平或侧向方向上特定的地貌、土壤条件下，壤中流以及深层渗漏和潜水蒸发补给也是土壤水的补给和消耗的组成之一。

土壤水的补给过程：到达地表的部分降水和灌溉水，（一部分被蒸发，另一部分以地面漫流的形式汇流到河道形成地表水），在土水势（重力势）的作用下向下运动，首先被表层土壤吸收，之后进入土壤的水分在土水势的作用下进行缓慢运动实现土壤水的再分配。另外，由于水分运动的双向性，随着上层土壤含水量的增加，来不及再分配的土壤水，在重力的作用下继续补给地下水的同时，地下水在毛管作用力的驱动下，也逐渐由高水势向低水势运动，通过潜水蒸发过程实现对土壤水的补给。尽管潜水蒸发通常被认为是地下水向大汽水的转变，但是其实质仍离不开土壤，是在转化为土壤水后才实现其进一步转化的。据试验研究统计，潜水蒸发中约有 80% 的水分存在于土壤包气带中（吴擎龙等，1996；毛飞等，2003）。因此，降水、灌溉水以及地下水是土壤水的主要补给源，入渗过程、潜水蒸发过程是土壤水循环过程的主要构成环节。

降水、灌溉水入渗过程：这是地表水向土壤水转化的主要环节，是自然界水循环过程中极为重要的环节，关系到地表径流的产生、地下水的补给、土壤侵蚀和化学物质的运移。入渗过程依据其作用原理可分为渗润、渗漏和渗透三个阶段（黄锡荃，2002）。渗润阶段发生于入渗初期，此时吸湿水尚未得到满足，在强大的分子力吸引下，降水或灌溉水迅速下渗，使初期的下渗率较大；当入渗使土壤含水率达最大分子持水率时，这一阶段结束。渗漏阶段是在渗润持续一定阶段后入渗的水量，在毛管力、重力作用下，沿土壤孔隙向下做不稳定运动，直到土壤饱和，毛管力消失为止，这一阶段下渗率变化很大。渗透阶段的出现是在土壤饱和后，水分在重力作用下呈稳定流动，这时下渗水流具有稳定的下渗速率。其中渗润和渗漏属于非饱和水流过程，渗透属于饱和水流运动。

对于土壤水的入渗，影响因素较多，主要包括土壤物理特性，如土壤均质性、土壤质地和孔隙率以及其中的土壤含水率等，降水或灌溉来水数量、强度因素和下垫面因素等。这些因素共同导致土壤入渗率发生变化，进而影响土壤水的补给。土壤入渗率是入渗过程的决定因素。一般情况下，当降雨或灌溉开始，降水强度小于土壤的入渗率时，降水量的入渗较大；随着时间的推移，土壤的湿度增大，土壤入渗率减少并最终趋于一个稳定值；当降雨强度逐渐大于土壤入渗率时，地表开始积水，此时入渗过程可分解为自由入渗和积水入渗两个阶段。当土壤入渗率等于降雨强度时，为自由入渗阶段，也称无压入渗阶段；当土壤的入渗率与降雨强度无关时，由于入渗的滞后性或延迟性，使地表面积水，因而称为积水入渗或有压入渗阶段。

即使降水停止后，进入到土壤中的水分仍继续在重力和土壤水吸力的作用下向土壤深层扩散，进行土壤水的再分配。在此过程中，土壤水物理参数成为决定降水转化为土壤水极为重要的因素，也是实现较为精确定量模拟的基础（许迪，1996）。

潜水蒸发过程：指在热能的作用下水分从潜水面上升到土壤表面进入大气的过程。潜水蒸发量与蒸发强度、地下水埋深、土壤质地和气候条件等有密切关系。蒸发强度主要取决于水分蒸发能力，潜水埋藏深度决定水分输送到地面的距离，土壤质地决定毛细管上升高度，即水分输送的高度。在潜水埋藏较浅的地区，潜水蒸发量很大。当地下水位埋深达到一定程度，即潜水的极限蒸发深度时，潜水蒸发量将减少到很小或接近于零（刘昌明，1989）。

土壤水的消耗过程：渗入土壤的降水在土水势、重力以及作物根系吸力的作用下，进行系统内和系统间的转化。其中储存于土壤中的水分，通过土壤蒸发和植被蒸腾的形式由液态水向气态水转变，完成土壤水的循环。

土壤蒸发：是在土壤与大气之间存在温度梯度、湿度梯度的作用下，土壤水由液态转向气态的过程，是一个受辐射、气温、湿度和风速等气象要素以及土壤含水量共同作用的结果。根据土壤水在蒸发过程中所受影响因素的不同，土壤蒸发分为三个阶段，即稳定蒸发阶段、蒸发下降阶段和水汽扩散阶段。稳定蒸发阶段是指表土蒸发强度保持稳定的阶段，该阶段蒸发强度不随土壤含水量的变化而变化，蒸发能力的大小主要受气象因素的影响。蒸发下降阶段是指表土蒸发强度随含水量的变化而变化的阶段，在此过程中随蒸发时间的推移，土壤含水量逐渐降低，表土提供的水分不能满足大气的蒸发能力，从而蒸发降低。因此，该阶段主要的影响因素是土壤含水量。水汽扩散阶段是指当土壤的含水量降低到毛管水不能再提供蒸发的水量，毛管断裂，土壤中的薄膜水只能以水汽的形式穿过干土层直接进入大气的过程。

植被蒸腾过程：植被蒸腾过程既是一个水分蒸发的物理过程，也是一个复杂的植物生理过程。当植物蒸腾时，首先由根系从土壤中吸收水分，在水势梯度的作用下，水分由植被根系向冠层运动；然后，一部分通过叶片的角质层扩散到大气中，一部分通过角质层中的气孔扩散。在此过程中，只有极小部分留在植物体内，绝大多数蒸腾散失到大气中，使土壤水分经过植物转变成大气水。据统计植被蒸腾水量的 99% 以上散失到大气，仅有不足 1% 的留在植被体内。

2.2.2　土壤水在水循环中的承接作用

由以上土壤水运动与补给和排泄转化关系可知，土壤水是降水派生的水资源之一，通过水循环过程，可实现其在农业生产、生态环境建设中的资源作用。若以降水为广义的水资源（相对于传统的径流性水资源），土壤水是区域水资源总量的重要组成部分。在自然水循环过程中，土壤水是其相互作用的纽带，处于水循环的中心，通过对地表水、地下水和大气水间的相互制约、相互影响实现了地球表面水体的自然动态转化。同时，在社会水循环过程中，由于人类活动的加剧和全球气候的变化，在日益明显的流域水循环在循环驱动力、循环结构和循环参数等方面均呈现"自然-社会"二元特性的条件下，土壤水在水循环过程中的作用更加明晰。

地表水与土壤水的转化关系：地表水的形成和地表水量的多少不仅受降水的影响，而且与土壤水条件密切相关。土壤水的多少是影响地表径流与产流的重要因素。尽管地表水与土壤水之间的转化是一个双向过程，从地表水向土壤水的转化最为常见，但在特定的地貌和水分条件下，土壤水又可以壤中流的形式转化为地表水。

地下水与土壤水的转化关系：地下水的动态演变过程与土壤水密切相关，降水或灌溉水首先通过土壤水的承接，进而渗漏补给形成地下水。地下水通过潜水蒸发返回土壤补给土壤水，再转化为大气水。在此过程中，以土壤水承接地表水补给地下为主，潜水蒸发补给土壤水形成大气水受地理因素的影响较多，因而补给量相对较少。

与此同时，随着经济社会发展对水资源需求的增加，伴随着人类"取水—用水—耗水—排水"环节的延长，"四水"转化的关系更加频繁，土壤水在社会水循环中的作用更加明显。一方面，土壤水分的补给和消耗的动态转化关系直接影响着农田灌溉制度和相应节水措施的实施；另一方面，由于水资源开发利用程度的增加，以及流域下垫面的变化，土壤非饱和带加厚，土壤补给地下水的数量减少和时间延长，进而影响降水对地下水的补给，也反作用于水循环全过程。

总之，由以上分析可知，土壤水在整个水循环过程中处于中间环节，其补给与消耗过程不仅对土壤水库发挥着重要的调蓄作用，而且与其水循环要素和水资源的动态转化密切相关。另外，土壤作为万物生长的根基，其消耗影响着陆域水循环资源的整体收支。由此可见，土壤水在水循和物质循环系统中发挥着极为重要的承接作用。可概括地说：在水循环过程中，大气降水到达地面后，在地形、地貌、土壤、土地利用情况等下垫面因素的共同作用下，一部分形成地表水；另一部分渗入到土壤，渗入土壤的水分在重力作用下，其中一部分继续下渗形成了地下水，一部分被拦蓄在土壤中形成土壤水。积蓄在土壤中的绝大部分水分在植被根系的作用下，被植物吸收转化成植物水和大气水，还有一部分直接蒸发变成大气水。在此过程中，通过水循环的入渗过程、深层渗漏过程、地下水的潜水蒸发过程以及植被的蒸腾过程、土壤的蒸发过程影响着水循环各要素产生影响；反过来也受到其他各环节水循环要素的影响。而且在二元水循环过程中，由于人类活动强度的增加，土壤水的动态特性在时间和路径以及通量上均随之改变，其变化影响着其他各子系统以及整个水系统地水的动态转化。有关土壤水在水循环过程的承接作用如图 2-5 所示。

综合以上分析可知，土壤水具有水资源的共性。

首先，土壤水是地表水、地下水以及大气水相互联系的纽带，具有其他水资源共有的特性——循环再生性和可调控性（王浩等，2004）。由土壤水在生产和水循环过程中的作用可知，地表水和地下水的形成和聚集均是在降水或灌溉水通过土壤过滤作用后得以实现的。土壤水的赋存形式影响它们的形成，土壤水的数量、质量也改变着它们的数量和质量。同时，尽管土壤水不能通过人工取水的方式直接获得，但是可通过调整种植结构、进行适时灌溉，调控耗水——蒸发蒸腾的方式改变土壤水的分布和运移，显著提高土壤水的利用率。由此可见，土壤水具有水资源共有的循环再生性和可调控性特征。

其次，土壤水是维系植被生长发育、生态环境良性循环最主要的水分源泉。植物体生长和发育所需的水分均由根系从土壤中获得，其他各部分的水只有转化为土壤水才能被直接吸收利用，土壤水的数量和质量直接影响着植物体的生长发育。植物体作为生态环境良性循环的主要环节，在土壤水直接作用的同时又间接参与维持生态环境的正常运转。它不仅为所有陆地植物提供生长的必备条件，而且调节着全球的气温。通过其蒸发蒸腾和对环境中碳氮的固定与分配直接作用于生态环境。同时，土壤水资源由于其赋存的介质——土壤具有一定的纳污能力和净化作用，污染物在伴随着土壤水分的运移，发生降解、沉积，对地表水资源和地下水资源质量的改善具有重要作用。由此可见，土壤水具有水资源共有的循环有效性。

最后，土壤水具有相当大的数量。如图 2-6 所示，据统计世界土壤水储量为 165 000 亿 m³，是世界河流中常年蓄水量的 7.8 倍，在地球上陆地水储量中，河流水和土壤水的比重约为 1∶6。我国 1956~1979 年降水量的 55% 被转化为土壤水。

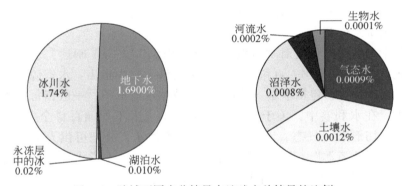

图 2-6　陆域不同水分储量占地球水总储量的比例

资料来源：贺伟程，1992

总之，非饱和带土壤层并非一种简单的水循环介质，而是具有巨大容量的"土壤水库"，赋存于其中的水资源——土壤水资源具有地表水资源和地下水资源共同的特性——循环再生性、储量的可调控性以及储量巨大的客观实在性，而且与陆域生态环境密切相关。因此，加强土壤水资源的定量评价对合理利用水资源系统和生态环境系统均具有重要的现实作用。

2.3　土壤水资源的内涵及开展土壤水资源评价的重要性

由以上分析可知，尽管土壤水资源具有水资源的共同特性，但是由于国内外水资源概念的差异使得土壤水在水资源系统中的定位并不明确，且又由于土壤水不像地表水、地下水那样集中分布或容易聚集，不能直接提取和运输，从而使其长期以来一直未被纳入水资源的范畴，有关土壤水资源的概念以及相应的定量方法尚不统一，立足于水资源特性开展土壤水资源评价的研究更是较少且进展极为缓慢。

2.3.1　土壤水资源的概念

随着人类开发利用水资源能力和技术的发展，水资源的定义和内涵得到逐步发展，在此基础上的土壤水资源也逐渐受到重视。

在国际上，《大不列颠百科全书》中给出了一个较为宽泛的定义："自然界一切形态（气态、液态、固态）水的总量即为水资源"；1963 年英国《水资源法》中强调了水资源的可被利用特性，将其定义："具有足够数量的可利用水源"；1988 年联合国教科文组织（UNESCO）和世界气象组织（WMO）给出定义："作为资源的水应当是可供利用或可能被利用，具有足够数量和可用的质量，并且适合某地需水而可长期供应的水源。"这些水资源概念的定义在一定程度上均包含了土壤水资源。

我国学者从不同角度对"水资源定义与内涵"进行了阐述，也主张将土壤水资源包含在内。《中国大百科全书》在水文科学卷中指出：水资源是地球表层可供人类利用的水，包括水量（质量）、水域和水能资源，一般指每年可更新的水量资源；在水利卷中，关于水资源则引用了《大不列颠百科全书》的提法，即自然界一切形态（气态、液态、固态）的天然水，并把可供人类利用的水作为"供评价的水资源"。我国对水资源概念最集中的一次学术讨论是由《水科学进展》在 1991 年组织的，来自水利学、地理学、水文学和水文地质学领域的专家，包括张学诚、黄万里、刘昌明、曲耀光、陈梦熊、施德鸿、贺伟程、陈家琦等纷纷提出观点。刘昌明从自然资源的观念出发，认为水资源可定义为与人类生产、生活有关的天然水源。张家诚提出："降水是大陆上一切水分的来源，但降水只是一种潜在的水资源，只有降水中可被利用的那一部分才是真正的水资源。"贺伟程提出："水资源主要指与人类社会用水密切相关而又能不断更新的淡水，包括地表水、地下水和土壤水，其补给来源为大气降水。"曲耀光提出："水资源是指可供国民经济利用的淡水资源，它来源于大气降水，其数量为扣除降水期蒸发的总降水量。"陈家琦（1998）认为："可以按照社会的需要提供或有可能提供的水量。这个水量有可靠的来源，且可以通过自然界水文循环不断得到更新或补充；这个水量可以由人工加以控制，其水量和水质能够适应人类用水的要求。王浩认为："水资源是对人类社会经济发展和生态环境保护具有效用的淡水资源，其来源为大气降水，赋存形态为地表水、土壤水和地下水，在数量上为扣除降水期蒸发的总降水量，通过天然水循环不断得到补充和更新，同时受到开发利用的人工调控和人类活动的其他影响。"

由以上水资源概念的发展可见土壤水的资源特性已被逐渐认同，土壤水资源的概念被相继提出，也出现了一些有关土壤水资源的研究。

"土壤水资源"的概念最早是在 20 世纪 70 年代由苏联地理水文学家李沃维奇提出，他把土壤水的研究扩展到陆地水文生态系统的范畴，他认为：土壤水是陆地水循环的重要组成环节，积极参与水循环，不断得到补充和消耗，在陆地生物和生命活动过程中起着积极作用；土壤水是一种可恢复的淡水资源，土壤水资源具有自然资源的特点和水量平衡的动态属性。同时，他将土壤水资源量看作是降水量与地表径流的差值，把降水入渗补给形成地下水资源的部分包括在土壤水资源内，按照目前水资源评价的分类存在与地下水资源量重复计算的问题。

20 世纪 80 年代水文学家布达果夫斯基亚对土壤水作了较为全面的研究，在苏联杂志《水资源》上，从农业的角度概括了土壤水资源的两大特点：一是土壤水资源在陆地水相互交换过程中具有积极作用，其蓄变量影响到地表水与地下水的形成；二是土壤水资源是植被生长和发育最必要的水分因素，而植物产品是陆地生态系统营养链的首要环节。这充分说明土壤水是一种重要的自然资源（Van Genuchten et al.，1992）。之后，西方学者菲德斯在其学术报告——《土壤水作为资源的研究趋势》中也明确肯定了土壤水的资源特性。

自从土壤水资源的概念提出以来，我国学者也从不同层面对此进行了论证。1984 年水文学家施成熙和粟崇嵩（1984）认为："土壤水被调蓄到起后备水源的作用，形成可以向根系层补给土壤水分的土壤水库，但还不是浅层潜水的组成部分时，也可以按水资源论"；刘昌明（2004）也对土壤水资源的概念作了详细论述，并提出了以土壤水蓄变量作为土壤水资源，开展区域多年平均土壤水评价的计算公式。冯长根（1998）从水循环的角度说明土壤水属于资源的范畴，他认为淡水资源是雨水过程的产物，水资源类型的划分应当以雨水过程和水分系统界面为基础。在地球上雨水的转化、派生运动中，从水的存蓄、迁移过程看，有大气水文过程、土壤与地下水文过程、地表水文过程。这些水文过程的系统边界为水文界面。不同的水文过程是在不同的水文介质中进行的，即气态水文介质、液态水文介质、固态水文介质。存在于不同介质内的可被人类开发利用或间接服务于人类的各种派生雨水的水，都属于水资源范畴。

由此可见，目前关于土壤水资源的范畴迄今仍未得到统一。在此基础上的土壤水资源定量评价的内容和方法也不相同，而且绝大多数研究从小区域农业可利用性出发，认为土壤水资源为根系能够吸收利用的土壤水分，对于参与整个陆面水循环的包气带内全部土壤水的认识尚存在空缺。这不符合水循环的动态连续性的自然特性。同时，缺少从生态环境角度对土壤水资源的认识。而对于"绿水"资源的定量化，尽管综合体现了土壤水资源的动态连续性和生态环境的作用，但是结合目前我国水资源的评价准则，此计算方法与地下水资源具有重复性，其定量一方面将夸大土壤水资源的作用，另一方面也不利于针对不同水资源的特点加以合理调控。另外，即使从较大尺度开展的土壤水资源研究，也不能很好地与其他水资源做出区分。

为此，在综合众多研究观点的基础上，本研究从经济和生态环境两方面，立足于水循环过程对土壤水资源做出重新定义。

依据 1988 年联合国教科文组织（UNESCO）和世界气象组织（WMO）关于水资源的定义和广义水资源（相对于传统水资源而言）的概念（王浩，2004），土壤水资源应该属于水资源且是广义水资源的重要组成部分。为此可将其定义为赋存于土壤包气带中，具有更新能力，并能被人类生产、生活直接和间接利用（包括人类对生态环境的维持）的土壤水量，及对维持天然生态环境良性循环具有一定作用的土壤水量。

根据以上定义，结合水资源的有效性、可控性和可再生性三大属性，土壤水资源应包括以下四大指标，即从土壤水资源的作用范围出发的可被作物直接吸收利用的土壤水资源量、最大可能被利用的土壤水资源量；从其作用的目标出发的用于国民经济生产的土壤水资源量和用于维持、恢复生态环境的土壤水资源量。土壤水资源组成及各指标间的关系如图 2-7 所示。

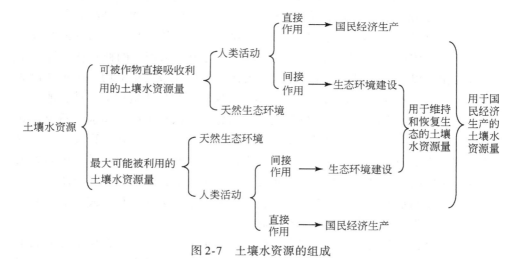

图 2-7　土壤水资源的组成

2.3.2 宏观尺度开展土壤水资源评价的重要性分析

土壤水作为水循环过程中的一个重要环节，尽管作为支撑陆域植被生长发育必须的资源特性已得到了普遍公认。但是，长期以来，由于土壤水对降水的过分依赖性和易于耗散性等自然特征使人们未能将其与狭义径流性水资源（地表水资源和地下水资源）相提并论。然而，随着水资源范畴的扩展和人们对土壤水认识的加深，以及人类开发利用水资源经济技术的发展，土壤水资源的水资源特性已逐渐凸显，从资源角度加强土壤水分数量和消耗效率评价研究的重要意义越来越明显。

1. 对传统水资源评价内涵的进一步完善

开展土壤水资源评价，是对传统水资源评价和利用的有益补充。特别是近年来，随着社会经济发展、水资源开发利用、水资源利用理念等状况的极大变化，目前我国水资源评价一直遵循的《水资源评价导则》（1998 年颁布，简称《导则》），其评价理念、评价技术和评价内容等方面的不足已日益明显。这不仅不利于水资源的全面利用和水资源利用效率的提高，而且也难以从根本上开展更深层的水资源管理。其原因有：

第一，传统水资源评价的对象主要集中于降水经过截留、蒸发和土壤储水后的余量。对于降水赋存于土壤非饱和带的土壤水和各种截流降水量并不考虑。尽管以上两部分降水派生量均通过蒸发蒸腾的方式在生产、生活和生态中发挥着积极作用，特别是赋存于土壤非饱和带的土壤水分是维持农牧渔业和生态环境所必不可少的主要水资源，但是并没有被包含在水资源评价的范畴。

我国径流性水资源相对匮乏，粮食需求量大，且雨养农田面积占耕地面积的一半以上，其中支撑植被生长最直接的水源是当地降水形成的非径流性资源——土壤水资源。即使灌溉农田其水资源也部分源于降水形成的土壤水资源。另外，对于天然生态环境，其消耗水资源的绝大部分也主要源于降水形成的土壤水资源。由此可见，随着水资源短缺引发的生态环境恶化，而这部分水量数量可观的现实，土壤水资源在生产和生态环境的重要作用更加明显，将日益成为区域水资源量的重要组成。然而，我国的传统水资源评价中却仍未将维持生态系统重要功能所需要的水考虑在内，更没有定量的评价结果。

第二，传统水资源评价重在对所发挥社会经济价值的水资源加以重视，对于直接支撑自然生态环境的水资源重视不够，且忽略了水资源的生态经济价值，也使得对土壤水资源重视不够。

水资源的价值观将直接指导水资源的利用趋向，并将产生不同的经济、环境和生态效应。而且随着水环境污染程度的加剧和水生态的退化，水资源的生态环境价值更加明显。面对水资源日益匮乏的现实，需要对由降水产生的发挥不同效用的水资源的价值做出全面评价，以避免不必要的浪费和指导水分驱动下的自然、生态环境和社会的协调发展。因而开展土壤水资源评价有利于全面提高水资源的利用效率，减少无效浪费。

第三，传统水资源评价重在径流性水资源数量的评价，对于其消耗效率和效用缺乏评价，更不能对非径流性水资源从利用效率方面加以说明，从而使得目前的水资源管理重在水循环末端水量的管理，不能立足水资源需求本质——耗水的全面管理。

由于水资源的动态转化形式是水循环和水量平衡规律。水资源的转化消耗发生在水循环的每一个环节，即不仅包括自然"降水—蒸发—渗透"水循环过程，而且也包括人工"取—用—耗—排"水循环过程。而目前《导则》重在对循环环节节水量的评价，对水资源在循环过程中的消耗形式、消耗效率以及消耗效用缺乏全面的评价，从而不能全面评价水资源的利用状况，进而实现真实的水资源消耗和利用量分析。而在此过程中，水资源的消耗是水资源的真实需求，且绝大多数是通过蒸发蒸腾的形式散失到大气。在蒸发蒸腾的消耗中，又以土壤水资源的蒸发蒸腾占绝对大比重。因此，加强土壤水资源评价，对开展水资源需求管理具有重要的意义。

另外，传统的水资源利用评价，是对用水过程始末端用水量、用水量变化以及相应水质变化的评价，并不能全面评价水资源的利用状况和水资源的节水水平，从而使人们对水危机和缺水水平、缺水状态认识不足。因而加强水循环过程水资源消耗效率的评价，有利于水资源的需求管理。

总之，土壤水是流域水平衡和水循环的重要组成部分，也是流域水资源管理的主要内容。面对全球径流性水资源严重不足的现实情势，开展非径流性水资源——土壤水资源评价，完善水资源评价理论，是全面认识陆地水资源状况的重要组成部分，也将成为未来开展更深层次水资源需求管理的重要组成部分，对缓解水资源、生态和环境状况具有重要的现实意义。

2. 开展更深层次水资源需求管理的重要组成

流域水资源管理是对流域水资源供给与需求关系的协调过程，是以追求可利用水资源的最大效益，实现流域人水和谐、经济系统和生态环境系统和谐发展为最终目标的水资源统一调控和协调管理。

随着经济的快速发展，对于水资源短缺日益严重的现实，流域水资源管理的管理模式逐渐由"以需定供"转向"以供定需"，且需水管理成为水资源管理的重点。就需水而言，其本质在于消耗，耗水量才是区域水资源的真实需求量，发生在（输—用—耗—排）水的每一个环节，且绝大部分以蒸发蒸腾的形式散失到大气，只有极少部分被产品带走。因而，在水资源匮乏程度日益严重的情势下，立足于水循环全过程，深入开展以区域耗水——蒸发蒸腾量（ET）管理为核心的水资源需求管理，是从根本上提高水资源的利用效率，缓解区域水资源的供需矛盾的有效举措，也将成为未来水资源管理发展的必然趋势。其中，土壤水资源最终均以蒸发蒸腾的形式被消耗，且在陆面蒸发蒸腾中占有极大比重。因而，加强土壤水资源消耗评价，成为更深层次水资源需求管理的有机组成部分。

　　蒸发蒸腾作为水循环过程中主要消耗输出项，不仅涉及水循环过程、能量循环过程和物质循环过程，而且伴随着物理反应、化学反应和生物反应。一方面蒸发蒸腾通过改变不同含水子系统内水量的组成直接影响产汇流过程，进而影响陆地表面降水的重新分配；另一方面，蒸发蒸腾通过影响进入陆地表面的太阳净辐射的分配比率（主要体现在土壤热通量、返回大气的显热通量和因蒸发进入到大气的潜热通量之间的分配关系）来影响区域的生态地理环境状况和水分条件。因此，土壤水分作为陆面蒸发蒸腾的主要组成部分，加强土壤水资源利用效率研究，不仅有利于认识水循环和能量循环系统，而且对开展更深层次的水资源需求管理调控和管理具有现实作用。有关蒸发蒸腾在水循环和能量循环过程中的作用可由图 2-8 和式（2-1）直观体现。

$$R_n = H + \lambda E + G$$
$$P = R + E + \Delta S \tag{2-1}$$

式中，R_n、H、λE 和 G 分别为区域/流域平均净辐射量、显热通量、潜热通量和土壤热通量；P、E、R 和 ΔS 分别为区域/流域多年平均降水量、蒸发蒸腾量、径流量和流域水蓄变量。

　　与此同时，伴随着土壤水资源动态转化过程中水、能量以及物质的转化方式，土壤水资源对全面提高水资源利用效率，应对干旱缺水、保障粮食安全具有重要的作用。因为，土壤水作为水循环过程的重要环节，一方面通过参与水循环过程，通过影响区域/流域水分的收支，决定着干旱的发生；另一方面作为农作物、植被最直接的水分源泉，土壤水的数量和空间分布又直接影响着干旱的发展。此外，作为区域/流域水分支出——蒸发蒸腾的主要水分源泉，土壤水通过对陆面能量平衡的影响，进而间接影响着干旱的发生和发展。

　　据相关统计，全球约有 60% 的粮食生产依赖于土壤水，70% 的人口依靠由土壤水直接供给生产的粮食。在我国，特殊的气候特点和地貌特点，以及有限的水资源在不同行业之间的竞争，加之粮食主产区持续向北方缺水地区转移的现实，土壤水资源在应对干旱缺水中的作用更加明显。因此，面对全球人口增长，粮食

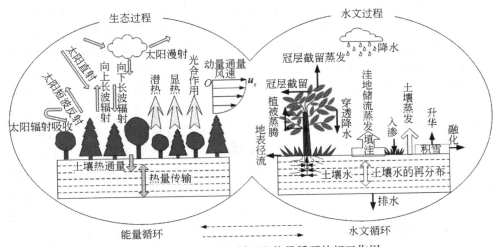

图 2-8　区域/流域水循环和能量循环的相互作用

注：参考 G. B Bonan（2002）并做了进一步的修改

需求量的急剧增加，而径流性水资源短缺长期存在的现实，雨养农业在粮食生产中的作用更加不容忽视，土壤水资源将成为维系世界粮食安全的关键，尤其在水资源条件较差的干旱半干旱区，土壤水资源的作用更加突出。

综上所述，土壤水资源具有地表水资源和地下水资源共同的特性——循环再生性和储量的可调控性以及储量巨大的客观实在性，而且与陆域生态环境密切相关，通过其补给和蒸发蒸腾消耗影响区域/流域水分和能量的收支，影响着陆域生态系统的变化，对粮食生产和区域干旱具有重要的作用。因此，面对我国人增地减水资源短缺的现实情势，干旱频发和农业水资源严重不足的态势，立足于宏观尺度开展土壤水资源数量和消耗效率评价对生产、生态等均具有重要的现实意义，对完善水资源评价理论具有重要的理论意义。

2.4　本章小结

书中结合土壤水在其赋存介质中受力的不同，在详细介绍了土壤水的分类以及不同类型土壤水有效性的基础上，结合土壤水在陆域植被生态系统中既为直接的营养成分也是重要的营养物载体，同时在水循环过程中发挥承接作用三方面，全面阐述了土壤水及土壤水系统在水循环系统、生态环境系统以及社会经济系统的作用和意义，充分说明在实践中土壤水始终发挥着水资源的作用，且具有与其他形式水资源相似的特点。

为此，结合水资源"有效性、可控性和可再生性"的三大属性，立足于整个水循环过程，从生态和经济角度重新定义了土壤水资源的概念，即赋存于土壤包气带中，具有更新能力，并能被人类生产和生活直接和间接利用（包括人类对生态环境的维持）的土壤水量和对维持天然生态环境良性循环具有一定作用的土壤水量。结合土壤水资源存在的空间和发挥的作用，提出了衡量土壤水资源的四大指标。

同时，从传统水资源评价的补存作用出发，对开展更深层次的水资源管理等方面，全面阐述了立足于水循环全过程开展土壤水资源评价的重要性，以及面对日益严峻的水资源短缺的现实开展土壤水资源评价的必要性。

第3章　土壤水资源评价理论与定量化方法

本章依据水资源的有效性、可控性、可再生性准则，构建了土壤水资源数量和消耗效率评价指标体系，并以流域内单位面积，某一厚度的土柱为研究对象，以水量平衡方程为基础，结合土壤水系统内水分的动态转化过程，从微观单元尺度和宏观区域尺度进行土壤水资源数量评价指标的定量化推导。另外，结合当前我国土地利用类型和土壤水资源消耗过程不同转化形态在生产和生态中的作用，提出了基于土壤水资源消耗结构的消耗效率评价理论。此外，为实现宏观尺度土壤水资源的定量评价，书中进一步通过对田间、区域尺度以及二元水循环演变条件下土壤水运动的定量方法做了由浅入深的介绍，为后期开展区域土壤水资源评价提供了技术支撑。

3.1　土壤水资源数量评价理论

3.1.1　土壤水资源数量评价原理

由前面有关非包气带（土壤水库）土壤水的动态转化过程可知，水库中蓄变量是源于不同方向的补给与消耗共同作用的。结合经典土壤水运动 Richard 方程，对于单位面积的土柱体，其水流运动如图 3-1 所示，其中的土壤水运动过程可以表示为

$$\frac{\partial(\rho_w \theta)}{\partial t} = -\left[\frac{\partial(\rho_w q_x)}{\partial x} + \frac{\partial(\rho_w q_y)}{\partial y} + \frac{\partial(\rho_w q_z)}{\partial z} \right] \tag{3-1}$$

式中，θ 为土壤含水率，常用体积含水率（cm^3/cm^3）；ρ_w 为土壤中水分的密度（g/cm^3）；q_x，q_y，q_z 为土壤水在 x，y，z 方向上的通量（g/cm^2）；t 为流过土壤体积水量的时间（s）。

由于土壤水的运动受地形、地貌等土地特点的影响较大，因而不同的区域非饱和带土壤层在不同方向上的水分通量差异较大。

平原区由于水平向的水势梯度较小，其水分通量主要以垂直方向的补给与消耗为主。山丘区不仅受到垂向重力势和温度势的驱动，而且水平方向水势梯度也不能忽略，其水分通量分布在水平和垂直各个方向。

对于平原区，土壤水运动主要为垂向一维流，其土壤水库的土壤水蓄变量可简化表示为

$$\frac{\partial(\rho_w \theta)}{\partial t} = -\frac{\partial(\rho_w q_z)}{\partial z} \qquad (3\text{-}2)$$

又由于在通常情况下，土壤中水分的密度变化极其微小。因此，ρ_w 被认为是常数，式（3-2）可进一步表示为

$$\frac{\partial \theta}{\partial t} = -\frac{\partial q_z}{\partial z} \qquad (3\text{-}3)$$

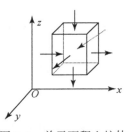

图 3-1　单元面积土柱体中的土壤水流运动

因而，对单位面积，某一厚度土壤层水量平衡方程式（3-3）在土层厚度 $z_1 \sim z_2$ 积分，即得单位面积，厚度为 $z = z_2 - z_1$ 土层的土壤水蓄水量的变化率。

$$\int_{z_1}^{z_2} \frac{\partial \theta}{\partial t}\mathrm{d}z = \int_{z_1}^{z_2}\left(-\frac{\partial q_z}{\partial z}\right)\mathrm{d}z$$
$$= q_z(z_1) - q_z(z_2) \qquad (3\text{-}4)$$

式中，$q_z(z_1)$ 和 $q_z(z_2)$ 分别为土壤厚度为 z_1 和 z_2 处的土壤水分运动通量。

若令 $\int_{z_1}^{z_2}\theta\mathrm{d}z = w$ 为土层厚度 $z_1 \sim z_2$ 非饱和带蓄水量，则式（3-4）可进一步用下式表示：

$$\frac{\mathrm{d}w}{\mathrm{d}t} = q_z(z_1) - q_z(z_2) \qquad (3\text{-}5)$$

再结合水流在土体中的转化行为，引入流入通量 $Q_入(z)$ 和流出通量 $Q_出(z)$ 的概念，则式（3-5）可用不同土层界面的水分通量表示为

$$\frac{\mathrm{d}w}{\mathrm{d}t} = \left[Q_入(z_2) + Q_入(z_1)\right] - \left[Q_出(z_2) + Q_出(z_1)\right] \qquad (3\text{-}6)$$

或

$$\frac{\mathrm{d}w}{\mathrm{d}t} = \left[Q_入(z_2) - Q_出(z_2)\right] + \left[Q_入(z_1) - Q_出(z_1)\right] \qquad (3\text{-}7)$$

由于水流具有一定的方向性，为从水流方向直观表述土壤非包气带蓄水量的变化率，引入上行通量和下行通量两个概念。式（3-6）和式（3-7）中不同土层处的水通量 $Q_入$ 和 $Q_出$ 用上行通量和下行通量分别表示如下：

$$Q_入(z_1) = Q_{下行}(z_1)；\quad Q_出(z_1) = Q_{上行}(z_1)$$
$$Q_入(z_2) = Q_{上行}(z_2)；\quad Q_出(z_2) = Q_{下行}(z_2)$$

同时令

$$\overline{\phi}(z_1) = Q_入(z_1) - Q_出(z_1) = \phi_{下行}(z_1) - \phi_{上行}(z_1) \qquad (3\text{-}8)$$

$$\overline{\phi}(z_2) = Q_入(z_2) - Q_出(z_2) = \phi_{上行}(z_2) - \phi_{下行}(z_2) \tag{3-9}$$

式（3-8）和式（3-9）分别为流经土层厚度为 z_1 和 z_2 处单元面积的净水分通量。

结合式（3-7）～式（3-9）即可得出单位面积、厚度为 z 土柱垂向的蓄水量的变化率，表示为

$$\frac{\mathrm{d}w}{\mathrm{d}t} = \overline{\phi}(z_2) + \overline{\phi}(z_1) \tag{3-10}$$

若将水流用标量表示，取水流向下方向为正（与坐标轴的方向一致），则式（3-10）可以表示为

$$\frac{\mathrm{d}w}{\mathrm{d}t} = \phi(z_1) - \phi(z_2) \tag{3-11}$$

在一定时间段内积分，即可得出特定时段内，单位面积土层土壤水库蓄水量 W_t 的变化量。可具体表示为

$$\mathrm{d}w = W_{t_2} - W_{t_1} = \int_{t_1}^{t_2} \left[\phi(z_1) - \phi(z_2) \right] \mathrm{d}t \tag{3-12}$$

式（3-12）即为平原区单位面积厚度为 $z = z_2 - z_1$ 的土壤水库，在不同方向水分通量共同作用下的土壤水分蓄变量的变化。

在山丘区，侧向水势梯度是一个不能忽视的水流驱动力，且随着山丘坡度的变化，土壤中侧向水流所占比例差异较大。对于坡度较大的山丘区，土壤侧向水流是不容忽视的成分，其单位面积土柱的土壤水蓄变量，应在式（3-12）的基础上增加侧向水流项，即可表示为

$$\mathrm{d}w = \int_{t_1}^{t_2} \left[\phi(z_1) - \phi(z_2) \right] \mathrm{d}t + R_{水平侧向净流入量} \tag{3-13}$$

式中，侧向水流 $R_{水平侧向净流入量}$ 由厚度为 z 土层在 x，y 方向上的净流入量组成。对于净流入量可用水平通量 Ψ 表示如下：

$$R_{水平测向净流入量} = \int_{t_1}^{t_2}\int_{z_1}^{z_2}(\Psi_{x入} - \Psi_{x出})\mathrm{d}z\mathrm{d}t + \int_{t_1}^{t_2}\int_{z_1}^{z_2}(\Psi_{y入} - \Psi_{y出})\mathrm{d}z\mathrm{d}t \tag{3-14}$$

由式（3-13）和式（3-14）即可获得具有侧向水流的单位面积土柱的蓄水量的变化量。式中，$\Psi_{x入}$，$\Psi_{x出}$，$\Psi_{y入}$，$\Psi_{y出}$ 分别为 x、y 方向流入和流出单位面积的水平通量。

因此，不同时段不同地形条件的单位面积土柱蓄水量可表示为式（3-15）和式（3-16）。

$$W_{t_2} + \int_{t_1}^{t_2}\phi(Z_2)\mathrm{d}t = W_{t_1} + \int_{t_1}^{t_2}\phi(z_1)\mathrm{d}t \tag{3-15}$$

$$W_{t_2} + \int_{t_2}^{t_1}\phi(Z_2)\mathrm{d}t = W_{t_1} + \int_{t_1}^{t_2}\phi(z_1)\mathrm{d}t + R_{水平侧向净流入量} \tag{3-16}$$

总之，由以上各式可知，在一定时段内，土壤水库的蓄变量是由时段内流入

通量与流出通量共同决定的,体现为时段始末土壤含水量的变化。既可以表示为时段初的土壤含水量(即时段初的蓄存量)和时段内土壤水库的补给量之和,也等于时段末土壤水库土壤含水量(时段末的蓄存量)和时段内的消耗量之和。

结合第2章土壤水的补给与消耗的动态转化结构可知,土壤水库蓄水量中不同构成成分均在农业和生态环境中发挥着重要作用。因而,土壤水库中的蓄水量可作为水资源量看待,且通过水循环过程实现资源的转化。其中,不同时段内的土壤含水量可作为有限时段内土壤水库中未被利用的水量,但从长时间看最终以土壤底墒的方式供植被利用。对于补给或消耗量,是时段内土壤水发挥资源特性最直观的体现,尤其蒸发蒸腾量,最能直接反映土壤水对生产和生活的支撑。另外,由以上表述可知,土壤水资源是一个动态过程量,发生在水循环的不同环节,且各环节的水循环要素均发挥着极为重要的资源作用。因此,要开展土壤水资源评价必须以其动态转化的过程为切入点。

3.1.2 土壤水资源数量评价指标体系及定量方法

1. 土壤水资源数量评价的指标体系

基于以上土壤水库中不同水分在水循环和生产生态中所发挥的作用,以水资源最本质的三大特点(有效性、可控性和可再生性)为准则,建立了土壤水资源评价指标体系。其中,有效性是指对人类生存和发展具有效用的水分;可控性是指在对人类有效用的水分中,能够通过适当的工程或非工程的技术手段开发利用的水量;可再生性是指能够保持流域水循环相对稳定性的水资源量。

按照以上准则,结合土壤水资源可利用空间的不同,将其评价指标分为:最大可能被利用的土壤水资源量、可能被作物直接吸收利用的土壤水资源量;按用途不同,又进一步分为用于国民经济生产的土壤水资源量和用于维持生态环境的土壤水资源量。各个指标的相关关系如图3-2所示。

2. 土壤水资源数量评价指标的定量方法

由于整个包气带土壤层所含水量能够对生态环境和水循环系统发挥积极作用,但又不能被完全利用,仅介于作物凋萎系数和田间持水率之间的水分能够被植被吸收利用,因而整个包气带可能的蓄水量是土壤水资源数量评价的基础。又由于存在于不同土层和不同水量的指标对生产和生态中所具有作用的差异,下面就以整个包气带为研究土壤厚度,结合水循环要素和水文要素的转化关系和转化结构(图3-3),对以上各指标进行定量化推导说明。

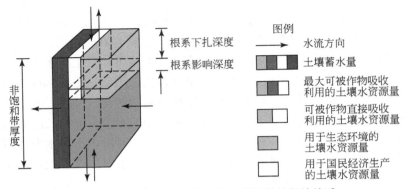

图 3-2　土壤水资源评价系统各指标间的相关关系

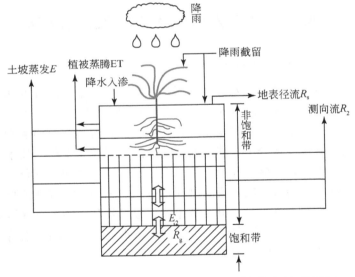

图 3-3　包气带土壤层中土壤水分的循环结构和循环过程

注：E_2 为潜水蒸发量；R_g 为对地下水的补给量

1）最大可能被利用的土壤水资源量（有效性评价）

最大可能被利用的土壤水资源量，是针对水资源评价的有效性原则提出的，具体是指赋存于整个包气带内，介于土壤田间持水率与凋萎系数之间的土壤水库的最大可能蓄水量。立足于单位面积土柱，结合图 3-3 水循环结构和水循环过程，最大可能被利用的土壤水资源量应为：整个包气带厚度，在一定时段内，不同界面水循环通量共同作用形成的。若对于包气带厚度，取 z_1 为地表面，令其为 0；z_2 为潜水埋深，令其为 h 米，则在时段 $t_2 - t_1$ 内，最大可能被利用的土壤水资源量可以由下面各式计算获得。

对于地表面 z_1 处，进入包气带的水分净通量可以表示为

$$\begin{cases} \phi(0) = \phi_{下行}(0) - \phi_{上行}(0) \\ \phi_{上行}(0) = (E + T) \\ \phi_{下行}(0) = (P_{降雨下渗} + P_{地表水下渗}) \\ P_{降雨下渗} = P - I_{截留} - R_s - D_{填洼} \end{cases} \qquad (3\text{-}17)$$

式中，E 为土壤蒸发通量；T 为植被蒸腾通量；P 为降水量通量；$I_{截留}$ 为植被截留量；R_s 为降水形成的地表径流量；$D_{填洼}$ 为填洼水量；$P_{地表水下渗}$ 为地表水下渗量；$P_{降水下渗}$ 为降水下渗量。以上变量的单位均为 cm^3/cm^2。

对于潜水位 z_2 埋深处，进入包气带水分净通量可以表示为

$$\begin{cases} \phi(h) = \phi_{下行}(h) - \phi_{上行}(h) \\ \phi_{上行}(h) = E_2 \\ \phi_{下行}(h) = R_g \end{cases} \qquad (3\text{-}18)$$

式中，E_2 为潜水蒸发通量，根据潜水埋深的不同而不同，当潜水埋深较大时，可忽略不计；R_g 为深层渗漏通量（降水对地下水的补给）。以上变量的单位均为 cm^3/cm^2。

与此同时，伴随着水循环通量的变化，土壤水库中仍存在有上一时段和时段内由水循环作用而蓄存在包气带土壤带水库中的水量，体现为时段始末的存量，即时段始末的土壤含水量，可分别表示为 W_{t_1}、W_{t_2}。

综合以上分析，结合不同地貌单元中包气带中水分运动原理，不同地貌条件下单位面积土柱时段 $t_2 - t_1$ 的水量平衡方程可用式（3-19）和式（3-20）计算。

（1）平原区无侧向壤中流的单位面积土柱。

$$\begin{aligned} S_{max} &= W_{t_1} + \int_{t_1}^{t_2} \left[(P + P_{地表水下渗} + E_2) - (R_g + R_s + I_{截留} + D_{填洼}) \right] dt \\ &= W_{t_2} + \int_{t_1}^{t_2} (E + T) dt \end{aligned} \qquad (3\text{-}19)$$

（2）山丘区有侧向壤中流的单位面积土柱。

$$\begin{aligned} S_{max} &= W_{t_1} + \int_{t_1}^{t_2} \left[(P + P_{地表水下渗} + E_2) - (R_g + R_s + I + D) \right] dt + R_{水平侧向净流入} \\ &= W_{t_2} + \int_{t_1}^{t_2} (E + T) dt \end{aligned} \qquad (3\text{-}20)$$

式中，S_{max} 为最大可能被利用的土壤水资源量，其他各变量含义同上。

由于以上土壤水资源中涉及的地表水人工灌溉入渗量和地下水的潜水蒸发

项，已分别包含在我国传统的水资源评价中。为避免重复，在土壤水资源计算中应将此部分水分扣除。因而，对于单位面积时段内的最大可能被利用的土壤水资源可表示为式（3-21）和式（3-22）。

（1）平原区无侧向壤中流的单位面积土柱。

$$S_{\max} = W_{t_1} + \int_{t_1}^{t_2} \big[P - (R_{\mathrm{g}} + R_{\mathrm{s}} + I_{\text{截留}} + D_{\text{填洼}}) \big] \mathrm{d}t$$

$$= W_{t_2} + \int_{t_1}^{t_2} (E + T)\,\mathrm{d}t \tag{3-21}$$

（2）山丘区有侧向壤中流的单位面积土柱。

$$S_{\max} = W_{t_1} + \int_{t_1}^{t_2} \big[P - (R_{\mathrm{g}} + R_{\mathrm{s}} + I + D) \big] \mathrm{d}t + R_{\text{水平侧向净流入}}$$

$$= W_{t_2} + \int_{t_1}^{t_2} (E + T)\,\mathrm{d}t + R_{\text{水平侧向净流出}} \tag{3-22}$$

式（3-21）和式（3-22）从补给和消耗角度，对有、无侧向流条件的时段内最大可能被利用的土壤水资源量从原理上加以说明。由以上公式可知，当降水时，土壤水库中土壤水资源由土壤中的蓄存量与入渗补给量之和决定；当土壤水库蓄水量达到最大，降水入渗量几乎为0，同时蒸发蒸腾消耗也极小，可忽略，此时的土壤水资源量等于时段土壤含水量，即为土壤总湿度。在非降水期，土壤水库中的蓄水量全部为时段初的土壤含水量，也体现为时段内土壤水资源的蒸发蒸腾消耗量与时段末土壤含水量之和。

2）可被植被直接吸收利用的土壤水资源量（可控制性评价）

可被植被直接吸收利用的土壤水资源量，是针对水资源可控制性准则提出的，是最大可能被利用的土壤水资源中的可调控部分，主要是指植被根系下扎深度及其影响土层范围内包气带的蓄水量，由生长前期土壤水资源量和生长阶段的土壤水资源量两部分组成。

其中，生育前期的土壤水资源量是以土壤墒情的形式提供生育期植被的生长。植被生长阶段土壤水资源量是从土壤表层到根系吸水层（指在特定条件下作物吸收土壤水的可能深度）的蓄水量。二者共同构成可被植被直接利用的土壤水资源量。

因此，对于单位面积土体、根系影响层厚度土层，在特定时段内可被植被直接吸收利用的土壤水资源量，可通过对式（3-21）和式（3-22）从地表面到根系吸水层 d 进行积分获得。

具体为，令地表 z_1 为0；z_2 为根系影响深度，令其为 d；对应时段始末土壤水库的存量分别为 $W(t_1, d)$ 和 $W(t_2, d)$；结合根系影响深度水分通量的变化，可被植被直接利用的土壤水资源量可由式（3-23）计算获得。

$$S_{\text{plant}} = W_{t_1, d} + \int_{t_1}^{t_2} \left[P - (R_g + R_s + I_{\text{截留}} + D_{\text{填洼}}) - \text{Per} \right] \mathrm{d}t$$

$$= W_{t_2, d} + \int_{t_1}^{t_2} (E + T) \mathrm{d}t \tag{3-23}$$

式中，S_{plant} 为可被植被直接利用的土壤水资源量；Per 为根系影响层的渗漏量；其他符号含义同上。

需要说明，尽管式（3-23）提出了根系吸水层厚度影响下的可被植被吸收利用的土壤水资源量的概念，但是由于根系吸水层的厚度是一个受植被种类、生育阶段、地下水埋深以及气象等因素综合影响的动态变量。因而，由式（3-23）计算的结果仅为一种理论值，具体计算中必须结合区域的实际情况，综合考虑植被特点和区域土壤特点分情况计算。

3）用于国民经济生产和用于生态环境的土壤水资源量（不同效用评价）

土壤水资源主要用于支撑农业生产和生态环境建设。尽管农业生产也发挥着生态环境的作用，但仍可以按照土地利用类型的不同区分为主要用于国民经济生产和维持生态环境。二者的主要区别依赖于土地利用的不同。因此，在一定面积上特定时段内的土壤水资源量可表示为单元面积不同土壤水资源指标计算结果与对应土地利用面积的乘积，具体表示如下：

$$Q_{\text{ecy}} = \sum_{i=1}^{n} A_i \times S_{\text{max}} \tag{3-24}$$

$$Q_{\text{ecn}} = \sum_{i=1}^{n} A_i \times S_{\text{plant},i} \tag{3-25}$$

式中，Q_{ecy}，Q_{ecn} 分别为服务于生态环境和国民经济的土壤水资源量；A_i 为不同类型土地利用面积。

依据以上计算原理和评价指标的计算方法可获得土壤非饱和带作用于不同目的的土壤水资源量。

3. 区域尺度土壤水资源评价的计算

由以上单位面积土壤水资源评价的指标体系的定量化过程可知，在一定区域特定时段内土壤水系统中的土壤水资源量是扣除与地表水、地下水的重复量，由伴随水循环要素的土壤水库的补给和消耗关系共同决定的。其中，土壤水库的补给量主要由降水入渗、潜水蒸发以及人工灌溉入渗水量共同构成。对于土壤水库的水资源，其补给量仅为降水入渗量。另外，由于土壤水资源量是一个动态转化的过程量，在任何一个时段，在接受补给的同时也在进行消耗，其消耗量主要表现为由降水形成的土壤水库中蓄水量不同形式的蒸发蒸腾消耗量 ET。

因而，经过对以上各方程在特定时段的积分。时段内的土壤水资源即可以理解为积分时段初的土壤含水量和总的入渗补给量之和，或时段内总的消耗量和时段末土壤水含水量之和。具体可表示为

$$S = P_{入} + W_{t_1} = \mathrm{ET} + W_{t_2} \qquad (3\text{-}26)$$

对于等式左侧的补给侧而言，依据有关研究报道，在多年平均尺度上，降水量远大于土壤初始含水量，故土壤初始含水量可以忽略不计。因而，在多年平均尺度上，土壤水资源量就等于降水的总补给量。其中，总补给量在多年尺度上积分，可表示为

$$P_{入} = P - R_{\mathrm{g}} - R_{\mathrm{s}} - I - D - R_{侧向壤中流} \qquad (3\text{-}27)$$

对于右侧的消耗量：依据式（3-26）可知，任何区域和时段的土壤水资量可表示时段末土壤蓄水量（W_2）（即未被消耗量）和蒸发蒸腾量之和。由于在多年平均条件下，土壤水库的蓄变量 ΔW，即时段末土壤蓄水量（W_2）与时段初土壤蓄水量（W_1）之差趋于 0。因而，通过式（3-28）可知，在多年平均尺度上，土壤水库的总补给量等于总蒸发蒸腾消耗量，即多年平均尺度上，最大可能被利用的土壤水资源量即为总的蒸发蒸腾量。

$$\Delta W = W_{t_2} - W_{t_1} = P_{入} - \mathrm{ET} = 0 \qquad (3\text{-}28)$$

总之，由以上两个可知，在任意时段，区域土壤水资源量应为土壤水库的水循环通量和时段内的存量共同形成。对于补给侧，为补给量和存量共同构成；对于消耗侧，可认为是由蒸发蒸腾量构成的被利用的土壤水资源量和以土壤水蓄存量形式存在的未被利用量两部分共同构成。而在多年平均条件下土壤水资源为总蒸发蒸腾消耗量或降水入渗补给量。

因此，依据以上不同指标的定量化原理，可有针对性地对不同空间和时间尺度以及不同用途的土壤水资源作出相应评价。

3.2　土壤水资源消耗效率评价理论

水作为一种资源之所以能够被人类社会和生态环境所利用，是因为其具有可用性，即水资源评价中的效用性。作为资源，有用性是其首要的基本特性，人类承认某种物质是资源，就认定其有用，即体现出其价值。人们利用水资源的过程，就是利用其存在价值的过程，一旦被消耗掉，被消耗的水资源即丧失了价值和使用价值。因此，耗水是人类社会和生态环境消费水资源的主要表现形式，对水资源利用的研究实际上是对水资源消耗特性的研究。另外，尽管在天然条件下，水没有资源之说，水分的消耗也并无有效无效、高效低效等消耗效率之分；但是随着人类活动的增加，各行业用水需求量增加，水资源的稀缺

使得水资源消耗的特性备受重视，水资源的管理形式也从供水管理向需水管理转变。早在 1950 年，中国科学院黄秉维与水利部谢家泽等我国著名的地理学家和水利学家就提出"大搞水平衡，攻破蒸发关"，确切揭示其动态转化规律及其格局，对适应气候变化，有效管理水分，防治干旱灾害等具有重要的意义。

然而，由于水资源消耗存在"自然—社会"二元水循环的各个环节，且消耗的机理也不完全相同。因而，对水循环（自然和社会）过程中消耗的研究减少，进一步对消耗有益与否的关注较少，更缺乏依据消耗效用进行系统区分，从而对实际中的水资源消耗效用的认识相对薄弱，特别是在输水过程中，这一点表现最为明显。在水资源的实际消耗过程中，尽管在农业灌溉中提出的不同灌溉制度在一定程度上体现了提高耗水效率的内涵，但是，其管理的程度和涉及的范围既不深入也不系统。对于土壤水资源蒸发蒸腾消耗更是几乎没有。目前的相关研究绝大多数集中于农田 SPAC 系统，以单一植株和农田生态系统为对象，分别从植株叶片微观尺度和农田中观尺度开展土壤水分利用效率的研究。在微观尺度上，土壤水分利用效率的研究集中于以作物为中心的生物节水方面，研究的重点在植株体对水分收支的单环节过程：一方面通过提供可蒸腾消耗的水量控制蒸腾；另一方面通过调节叶片周围能量而控制气孔开度。在中观尺度上，土壤水的研究又主要集中于农田产量与水分关系方面，即针对单位耗水量所获得产出的变化，相继提出了作物潜在水分生产率和实际水分生产率两种。

然而，无论是作物水分响应与适应机制的研究，还是农田尺度水分消耗与作物产量关系的研究，均是基于一个相对小的空间尺度，立足于水循环的有限环节，对于流域/区域尺度水资源的全面合理配置，提高水资源的利用仍存在一定的差距，存在着不同尺度作物耗水估算方法及尺度效应等问题。而对于变化环境下的水资源合理利用，用水总量控制等均需从区域系统出发，综合经济、生态、水循环、水利用、制度经济的角度综合研究。

为此，本书针对土壤水资源，循环周期较短，在多年平均尺度上最终均以蒸发蒸腾的形式完全被消耗损失，从区域、流域尺度剖析了土壤水资源的消耗结构，并结合其实际发挥的作用，界定了土壤水资源的消耗效率。

3.2.1 土壤水资源消耗结构分析

由图 3-3 可知，非饱和带系统中土壤水资源的消耗由蒸发蒸腾和深层渗漏两部分组成。其中深层渗漏主要补给地下水资源；蓄存在土壤水库中的土壤水资源最终均以蒸发蒸腾的形式被消耗，且其消耗结构与土地利用覆被密切相关。蒸发蒸腾按照是否有植被覆盖可分为土壤蒸发和植被蒸腾，具体的消耗结构和类型又随土地利用的变化而变化。目前我国土地利用的通常归纳为六类，即裸土植被域（裸土、林地、草地）、灌溉农田、非灌溉农田、水域、居工地（包括城镇用地、农村居民用地、其他建设用地）和难利用土地，详见表3-1。

表3-1　不同土地利用分类及定义

一级类型		二级类型		含义
编号	名称	编号	名称	
1	灌溉农田	11	水田	指有水源保证和灌溉设施，在一般年景能正常灌溉，用以种植水稻、莲藕等水生农作物的耕地，包括实行水稻和旱地作物轮种的耕地
		12	水浇地	有水源和浇灌设施，在一般年景能正常灌溉的旱作物耕地；以种菜为主的耕地，正常轮作的休闲地和轮歇地
2	非灌溉农田	12	旱地	指无灌溉水源及设施，靠天然降水生长作物的耕地
3	林地	21	有林地	指郁闭度大于30%的天然木和人工林，包括用材林、经济林、防护林等成片林地
		22	灌木林	指郁闭度大于40%，高度在2m以下的矮林地和灌丛林地
		23	疏林地	指郁闭度为10%～30%的疏林地
		24	其他林地	未成林造林地、迹地、苗圃及各类园地（果园、桑园、茶园、热作林园地等）
4	草地	31	高覆盖度草地	指覆盖度大于50%的天然草地、改良草地和割草地。此类草地一般水分条件较好，草被生长茂密
		32	中覆盖度草地	指覆盖度在20%～50%的天然草地和改良草地。此类草地一般水分不足，草被较稀疏
		33	低覆盖度草地	指覆盖度在5%～20%的天然草地。此类草地水分缺乏，草被稀疏，牧业利用条件差
5	水域	41	河渠	指天然形成或人工开挖的河流及主干渠常年水位以下的土地，人工渠包括堤岸
		42	湖泊	指天然形成的积水区常年水位以下的土地
		43	水库坑塘	指人工修建的蓄水区常年水位以下的土地
		44	永久性冰川雪地	指常年被冰川和积雪所覆盖的土地
		45	滩涂	指沿海大潮高潮位与低潮位之间的潮侵地带
		46	滩地	指河、湖水域平水期水位与洪水期水位之间的土地
6	居工地	51	城镇用地	指大、中、小城市及县镇以上建成区用地
		52	农村居民用地	指农村居民点用地
		53	其他建设用地	指独立于城镇以外的厂矿、大型工业区、油田、盐场、采石场等用地，交通道路、机场及特殊用地

续表

一级类型		二级类型		含义
编号	名称	编号	名称	
7	难(未)利用土地	61	沙地	指地表为沙覆盖,植被覆盖度在 5% 以下的土地,包括沙漠,不包括水系中的沙滩
		62	戈壁	指地表以碎砾石为主,植被覆盖度在 5% 以下的土地
		63	盐碱地	指地表盐碱聚集,植被稀少,只能生长耐盐碱植物的土地
		64	沼泽地	指地势平坦低洼,排水不畅,长期潮湿,季节性积水或常积水,表层生长湿生植物的土地
		65	裸土地	指地表土质覆盖,植被覆盖度在 5% 以下的土地
		66	裸岩石砾地	指地表为岩石或石砾,植被覆盖度在 5% 以下的土地
		67	其他	指其他未利用土地,包括高寒荒漠、苔原等

按照土地利用方式的不同,土壤水资源消耗结构可归纳为四大类型,即农作物/植被域植被蒸腾、农作物/植被域土壤棵间蒸发、农业产业系统裸土蒸发,以及难利用土地裸土蒸发。

其中植被蒸腾量是指通过植物根系吸收到植物体,除少量存储于植物体内,绝大部分通过植物叶面扩散到大气中参与湍流交换过程的土壤水资源量,包括林草地蒸腾、农作物蒸腾。土壤蒸发量是指通过土壤表面直接蒸发到大气中的土壤水资源量,根据土地利用分类不同,可包括裸土、盐碱地、沙漠、戈壁等难利用土地的土壤蒸发和植被(自然植被和农作物)棵间蒸发。因此,结合各类型蒸发蒸腾与土地利用方式,土壤水资源的消耗可以进一步细分,详细的结构如图 3-4 所示。

3.2.2　土壤水资源消耗效率界定

土壤水资源的消耗不仅形式上存在差异,而且其对人类生产和生态的效用也明显不同。按照土壤水资源的资源服务功能的不同,将土壤水资源的消耗效用分为生产性消耗和非生产性消耗,其中生产性消耗主要是指土壤水资源在经济社会系统中作用的部分;非生产性消耗主要是指土壤水资源的自然生态作用功能的部分,是相对于经济社会的产出而言的。在此基础上,发挥不同消耗功能的土壤水资源又按照对人类社会经济作用的大小进一步区分为高效消耗和低效消耗。非生产性消耗也常被称为无效消耗。

按照以上原则,结合我国目前的土地利用类型,土壤水资源的消耗效用具体界定如下:

难利用土地的蒸发消耗量:尽管该部分土壤水资源量能对周围的生态环境发

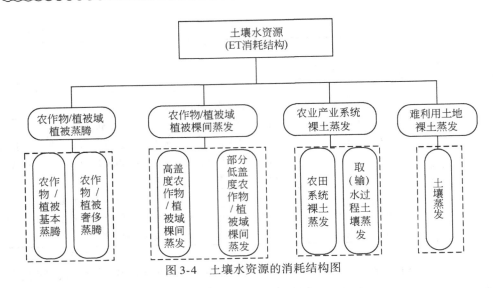

图 3-4　土壤水资源的消耗结构图

挥一定的作用，但是由于人类活动较少，从而使得其被利用的可能性甚微。因此，将其定为非生产性消耗，相对于经济社会系统而言可认为是无效消耗量。又该部分消耗量的控制，由于调控需要的投资巨大，而认为是不可调控的消耗。

植被棵间的蒸发消耗量：其效用与植被的郁闭度有关。当植被郁闭度较大时，尽管该部分水量没有直接参与植株干物质的生成，但是可通过调节农田和植被区域的小气候而影响生物量的产生，因而可认为是生产性有效消耗量。但是相对于植被干物质的形成其利用效率较低，该部分蒸发量又可认为是低效消耗量。当植被郁闭度较小时，由于大量棵间蒸发对农田植被气候的调节作用降低，其主要功能为生态效用，在经济社会中的直接作用甚微，因而认为此部分消耗中的绝大部分是非生产性消耗。

植被的蒸腾消耗量：由于该部分土壤水资源直接参与植株干物质的形成，可认为是土壤水资源中最直接的生产性有效消耗量。但是大量的农田试验表明，植被蒸腾中绝大部分以水汽的形式散失到大气，是一种奢侈蒸腾，对于此部分奢侈蒸腾可认为是低效消耗（沈振荣等，2000），另外形成生物量的部分可认为是高效消耗。然而，由于植被的奢侈蒸腾量与植被的生理特性、生存环境密切相关，到目前并没有统一的鉴别标准。为此，书中将消耗于植被蒸腾的所有土壤水资源均认为是生产性消耗，且属于高效消耗量。

与此同时，又考虑到土壤水资源不能提取和运输，仅依靠调控措施加以利用，因而进一步针对土地利用，对其可调控性做出界定，以能否在实践中指导土壤水资源的高效利用为基本原则。所谓土壤水资源的可控消耗（ET）是指可以人工干预的土壤水资源消耗，主要包括农田土壤水资源消耗和人工林果地土壤水资源的消耗。除此之外，其他土壤水资源均可以认为是不可控消耗。尽管没有完全不可控，但是由于付出的代价较大，对其加以调控不太现实而定为不可控。

总结以上界定准则，土壤水资源的消耗结构和消耗效率的关系如图 3-5 所示。

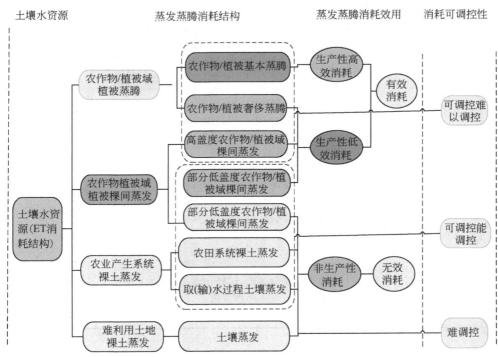

图 3-5　土壤水资源消耗结构和消耗效用的关系

3.3　土壤水资源的定量化工具

土壤水是一个动态转化的过程量，是由补给（包括自然降水和人工灌溉）、消耗（植被蒸腾和土壤蒸发）和土壤蓄存量共同构成。作为水循环大系统的有机组成，土壤水不仅影响着水循环过程中基本要素的数量、动态转化途径，而且由于其消耗过程对能量的作用，因而对地表热能的循环转化过程也有较大的影响。为此，有关土壤水的定量研究备受关注，特别是近年来随着水资源匮乏程度的日益严重，更是广为重视。但是，由于土壤水转化过程的影响因素较多、过程复杂，相关的定量研究在内容上和空间尺度上差异较大。

按照研究内容的侧重点不同，主要包括：土壤水动态转化的综合模拟、土壤水蒸发蒸腾以及土壤水入渗能力等动态过程的单一过程的研究。

在土壤水研究空间范围上，可概括为三种，即土体尺度、田间尺度和区域尺度。由于研究尺度的扩大，研究目的不同，研究过程中考虑的主要影响因子逐渐变得复杂，相应的研究方法和定量化工具也随之改变。不同空间尺度上的土壤水动态转化的影响因子见表 3-2（李保国等，2000）。

表 3-2 不同空间尺度土壤水的影响因子

空间尺度	范围/m²	空间分布	自然水循环影响因素		社会水循环影响因素	
			气候因子	地学因子	土地利用因子	水循环中地下水
土体尺度	1~10	(x, y) 为定值	仅依赖于降水/蒸发蒸腾时间变化；不受它们空间变化的影响	土壤剖面质地层次	土地利用类型，种植制度变化	灌溉制度，仅考虑点上地下水位动态
田间尺度	10²~10⁶	大多数情况下 (x, y) 的变化	重点考虑降水/蒸发蒸腾时间变化，适当考虑它们的空间变化	土壤剖面及其土壤分类构成	土地利用类型，种植结构	灌溉方式和用水制度；多点地下水位波动
区域尺度	>10⁶	必须考虑 (x, y) 变化	考虑区域气候的时空变化	土壤、地貌类型变化	土地利用类型，种植制度	灌排体系、灌溉制度，分区考虑地下水为波动

3.3.1 经典土壤水运动方程

基本的土壤水运动方程：1931 年 Richards 根据质量守恒原理和多孔介质中达西定律的运动方程，提出土壤水分运动 Richards 方程［式（3-29）］，成为定量描述土壤水分动态特点的基本工具，也为后期开展大量的土壤入渗、土壤蒸发以及田间和区域尺度定量研究土壤水奠定了基础。

$$\frac{\partial \theta}{\partial t} = \frac{\partial}{\partial x}\left[K_x(\theta)\frac{\partial \varphi}{\partial x}\right] + \frac{\partial}{\partial y}\left[K_y(\theta)\frac{\partial \varphi}{\partial y}\right] + \frac{\partial}{\partial z}\left[K_z(\theta)\frac{\partial \varphi}{\partial z}\right] \tag{3-29}$$

式中，$K_x(\theta) = K_y(\theta) = K_z(\theta) = K(\theta)$，为各方向上的导水率；总水势 φ 由基质势 φ_m 和重力势 φ_g 组成。

经典的土壤水入渗方程：有关土壤水入渗的定量研究最早出现于 1911 年，由 Green-Ampt 提出的基于毛管理论的入渗模型（李阜隶等，1993）。这也成为开展土壤水入渗研究的典型模型。之后，Kostiakov 和 Horton 先后提出了反映入渗性能和土壤入渗累计值对时间依赖关系的经验公式（希勒尔，1981）；Philip（1957）提出了适于半无限均质土壤、初始含水量分布、有薄层积水条件的土壤入渗公式；Smith（1972）提出了适于不同质地各类土壤的降雨入渗模型；Parlange 从土壤水运动基本方程出发，导出了任意降雨强度下的入渗公式（雷志栋等，1988）。目前，有关土壤水入渗定量研究主要集中于 Green-Ampt 模型的修正以及 Philip 和 Parlange 入渗方程的求解。

经典土壤蒸发方程：蒸发的理论最早见于 Dalton 蒸发定律，是 1802 年综合风、空气温度、湿度对蒸发的影响提出的，该理论对近代蒸发理论创立有着决定性的作用。之后，一些研究者先后从能量平衡、水量平衡角度开展了大量的定量推导（Penman，1948；Swinbank，1951；Monteith，1965）。目前有关蒸发蒸腾研究的标志性定量方法是 Penman 公式（Penman，1948），以及基于此改进的 Penman-Monteith 公式（Monteith，1965）。

Penman-Monteith 公式，是在综合考虑能量平衡与动力学之间的作用关系后，又引入表面阻抗后建立的。此公式的提出为非饱和带下垫面的蒸发蒸腾研究开辟了一条新的途径，成为开展不同尺度土壤水蒸散发研究的主要方法。

3.3.2　田间尺度土壤水运动模型

田间尺度土壤水运动模型即为农田土壤水研究，由于其目的主要用于指导农田灌溉，因而研究的深度和采用的理论不完全相同。概括而言，主要包括两种方法，即基于水动力学基础上的农田水分运动模型和农田水均衡模型。

其中，基于水动力学的农田水分运动模型，是将农田不同存在状态下的水分作为一个统一的系统，采用水动力学方法建模计算，并通过研究其中各变量要素确定农田土壤系统中水分的特征。主要依据达西定律和连续原理建立水流基本方程，适用于较小空间尺度，也可用于研究不同层土壤的状况，是多年来应用最普遍的模型。但是，在此过程中，由于土壤物理性质和其他影响因子的空间变异性问题，因此确定性土壤水动力模型仅用于特定条件的土壤水转化过程研究。因而，在田间小尺度以上区域应用，该方法的不足很明显。

对于农田水均衡模型（土壤水平衡模型），是在确定时空条件下，研究水分均衡各要素间的关系，即按照水循环系统中各要素的不同，以作物根系层深度为研究对象，对其一定时间内和一定深度内水分收支关系的描述。其主要研究对象将土壤—作物—大气作为一个整体，对不同界面上水分通量的变化进行系统研究。其综合平衡项包括：作物蒸发蒸腾量模型，根系吸水模型以及土壤深层渗漏补给地下水模型以及降水/灌溉水的入渗等定量化过程。其基本特点是对于单剖面土壤水转化模拟具有原理明确、操作简单，且在较大的区域上可以避开一些土壤物理参数（如导水率）的特征。因而，土壤水平衡模型是目前最为经典的定量方法，而且随着农田水资源短缺问题的日趋严重，田间尺度上土壤水平衡研究模型研究成为此类模型研究的重点（谭孝元，1983；康绍忠，1986；邵明安，1987；康绍忠等，1992）。然而，该方法存在某些分量难以准确确定，模拟精度相对不高的缺点。

3.3.3 区域尺度土壤水运动模型

随着研究领域的扩大，有关土壤水的动态过程中涉及的因素也越来越多，仅依靠田块、田间尺度的相关研究，已不能满足区域范围水资源管理的需要。为此，近年来，随着技术水平的发展和人类对水资源需求量增加的迫切需求，土壤水动态过程的研究已由田块尺度扩展到区域、流域尺度，并从单一的土壤水循环系统研究，扩展到"大气-地表-土壤-地下"以及作物水分的综合作用的土壤水研究，出现了大量的相关模型，如陆面水文循环模拟模型（Manable，1969；Dickinson，1986；Sellers et al.，1986）、陆面-大气水文循环耦合模拟模型（Liang et al.，1994，Habets et al.，1999；苏凤阁，2001）以及碳、氮、水循环的模拟模型（Li and Ji，2001）。这些模型均为较大空间大尺度上土壤水运动的模拟提供了有效的工具。

综合相关模型可知，目前区域尺度的土壤水模型绝大多数是依据土壤非饱和带土壤水平衡原理，在经典的土壤水运动方程的基础上，结合不同空间尺度影响因素以及水循环过程的相互作用，从不同侧重点进行的扩展。概括而言，区域尺度土壤水的定量研究包括土壤水运动方程、土壤水蒸发蒸腾的定量模型及综合二者的分布式水文循环模型。

1）区域尺度土壤水动态模型

土壤水动态模型，是由于其对土壤层处理方法的不同，模型类型不同。根据区域非饱和带土层的厚度特性进行分层处理的模型可概括为三大类，分别是一层水桶模型（Manable，1969），两层强迫-恢复模型（Noilhan and Planton，1989；Deardorff，1997）和多层扩散型模型（Shao，1996）；根据单元格的划分又可将其分为分布式水文模型和集中式模型。近年来，由于研究空间区域的扩大和水循环影响因素的日益复杂，在此类模型基础上，发展能够较为全面考虑水循环各环节作用关系的分布式水文模型成为定量描述土壤水运动的强有力工具。

2）区域土壤水蒸发蒸腾的定量模拟模型

由于在流域、区域的整个水循环过程中，蒸发蒸腾消耗是水量循环中的最终支出项，随着水资源匮乏程度的日益加剧，有关土壤水蒸发蒸腾消耗研究成为目前关注的重点之一。又由于土壤水的消耗占流域/区域蒸发蒸腾消耗的绝对大的比重，且随着卫星遥感技术的出现和发展，其宏观、快速、信息量大、连续性强的遥感信号，不仅可以克服传统蒸发蒸腾以点带面的局限性，而且可为从较大尺度开展直接反演或间接计算蒸发蒸腾提供了支撑，因而立足于宏观尺度、侧重于土壤水消耗侧的定量研究模型也越来越多。概括而言，目前有关大尺度土壤水分蒸发蒸腾遥感定量模型主要包括统计经验法（Segiun et al.，1983；Hurtado et al.，1995；Jackson et al.，1997）、基于能量平衡的能量平均余项法（Bastiaanssen et al.，1998；Su，2002；Su et al.，2011）和数值模型法。其中，统计经验法由于参数少、计算简单，已被广泛用于全球及区域范围蒸发蒸腾估算。

3）分布式水文模型对土壤水动态转化的定量模拟

尽管陆面模型在土壤水循环过程中，将其在垂直方向上分解为不同的土层，使土壤水运动转化行为逐渐从机理上得到深刻的揭示，特别是加深了对 SPAC 系统内的蒸发蒸腾的认识（贾仰文等，2004）。然而，随着研究范围和空间尺度的扩大，土壤水时空变异性，影响因素的复杂性等问题的凸显，单一土壤水蒸发蒸腾消耗的定量化和相对小的空间尺度动态变化，难以全面综合的考虑土壤水循环过程中水量与能量间的相互作用关系，分布式水文模型应运而生。分布式水文模型是在充分考虑水文过程模拟的基础上，广泛吸收陆面模型研究成果而提出，能够立足于水循环全过程对土壤水进行了较为详细的模拟。

分布式水文模型其实质是以传统的流域水文模型为基础，将流域作为一个有机的系统，按其内部不同地理要素对水文要素的作用机理做的描述。在此过程中，分布式水文模型把流域内具有一定自然地理要素特性和水文特性的部位看作是一个独立的个体，根据水文过程的形成机理计算流域内不同部位的水循环过程，再根据空间分布格局和水文过程将流域不同部位的水循环过程联合起来得到整个流域的水循环过程。由此可见，分布式水文模型是在充分考虑和反映了流域内自然地理要素的时空变异性对水文过程影响的基础上，从点到面，从小区域到相对大流域水文效应进行的详细描述。这为充分认识大尺度空间土壤水循环过程提供了依据。

在分布式水文模型中，土壤水被分解为水平向和垂直向两方面分别进行描述。在水平方向上，将流域根据不同的地貌单元进行单元格划分；在垂直方向上，将非饱和土壤带分层处理，通常分为三层，即土壤表层、根系土壤层和下部土壤层，非饱和带与饱和带的过渡带。在具体的计算中根据地貌特征采用垂向一维（平原区）或二维（坡度较大的山丘区）的 Richards 方程等不同方法对土壤水运动进行描述。下面仅以大家较为熟悉的，目前推广和采用最为广泛的 SWAT (soil and water assessment tool）模型为例，简单介绍大尺度水文模型对土壤水运动的定量模拟。

SWAT 模型是美国农业部农业研究中心，于 1994 年针对大流域复杂多变的土壤类型、土地利用方式和管理措施条件下，土地管理对水分、泥沙和农业化学物质的长期影响而开发的，主要由气象、水文、土壤温度、植物生长、营养成分、杀虫剂、土地管理、河道汇流和水库汇流等部分组成。其基本模拟原理是以大气降水为上边界条件，地下潜水面为下边界，将非饱和带分布不同层，按照水循环要素进行不同层水量的传递，同时可分别考虑大气环境因素、区域土地利用状况和区域地下水动态变化的影响。另外，还可以考虑一些社会水循环过程，可实现土壤水与侧向不同级别的灌溉渠道和排水沟道的水量交换计算。

该模型的基本计算单元是水文响应单元，是基于 DEM 将流域依据土壤类型、土地利用方式和管理措施的组合情况，在子流域的基础上划分的，每一种土壤类型、土地利用方式和管理措施的组合定为一个水文响应单元。每一个水文响应单元均可以实现从冠层、雪、土壤、浅层含水层到深层含水层的连续模拟，而且在模拟过程中可依据具体情况把土壤进一步划分成若干层。

在对土壤水的入渗过程模拟中，模型通常采用 SCS 曲线方法或 Green-Ampt 方法和修正的 Ration Formula 方法在综合模拟地表径流量和径流峰值后，结合降水量进行入渗计算。对于土壤水分的再分配，采用土壤蓄水演算技术来计算植物根部每一层土壤之间水的流动。只有当土壤含水量超过田间持水率而且下层土壤尚未达到饱和时，土壤水将进一步下渗，同时考虑土壤水下渗过程中温度的变化。对于土壤水的蒸腾蒸发计算，模型可分别计算土壤蒸发和植物蒸腾。土壤水的蒸发量是利用土壤深度和土壤含水量的指数关系进行估算；植被蒸腾量是通过潜在蒸腾量、叶面积指数的非线性关系进行估算。其中，潜在蒸发量模型提供了三种可选择的方法，即 Hargreaves 方法，Pricestley-Talyor 方法，Penman-Monteith 方法。图 3-6 给出了以土壤水循环为中心环节的模型计算原理示意图。这为全面揭示土壤水资源的动态转化提供了强有力的技术手段。

总之，传统上人们通过经典定量模型、田间尺度土壤水运动模型以及区域尺度的分布式水分定量模型的研究对全面揭示土壤水的动态转化过程，认识土壤水资源研究提供了强有力的计算支撑。但是，随着人类活动的增强，水循环的特性发生了强烈变化，也使得土壤水的动态特性随之改变，而且处于愈加复杂的状态。因此，面对日益强烈的人类活动影响，尤其在我国水资源短缺较为严重，水循环特性呈现明显二元特性的条件下，之前的大量模型均缺乏对社会水循环过程的深入模拟，更缺乏将"自然—社会"二元水循环耦合模拟，进而也影响着变化环境下土壤水资源的定量评价。

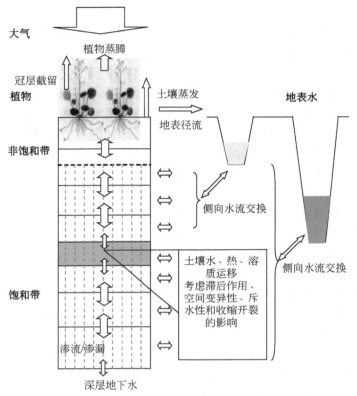

图 3-6 区域土壤水运动模拟的基本原理示意图

3.4 二元水循环条件下分布式水文模型——WEP-L 分布式模型

3.4.1 流域二元水循环模式及复杂的水循环特点

流域水循环系统的健康维持，是实现水资源合理开发利用的前提，也是维系水环境与生态服务功能的基础。然而，由于高强度人类活动以及全球气候变化的影响，流域水循环已由原来的"自然"一元模式占主导逐渐转变为"自然—社会"二元耦合模式。对于人类活动的影响集中地体现为两大方面，即一方面通过直接作用（如水库坑塘的修建，跨流域调水工程以及人工取用水等环节），使水循环系统的结构和循环路径发生改变；另一方面，通过间接的方式（如森林砍伐、土地利用、温室气体排放等）改变下垫面或局地气候，从而影响水循环的诸要素。

伴随着水循环模式的变化，加之人类活动强度和广度的增加，人类活动对自然水循环过程的影响程度逐渐增强，水循环的二元特性更加明显。水循环的二元特性集中地表现为循环结构、循环驱动力和循环参数三方面。

在循环结构方面，水循环路径延长，由以"降水—坡面—河道—土壤水—地下水"为基本循环环节的"一元"自然水循环结构，逐渐转向包括流域/区域"取水—用水（耗水）—排水—再生利用"社会水循环环节以及水资源开发利用变化对自然水循环的影响等在内的"自然—社会"二元水循环结构。

在循环驱动力方面，已由过去由太阳能、重力和风力为主的一元自然驱动演变为现在的"自然—社会"二元驱动。其中二元驱动力也随着外力的变化而变化，目前除自然驱动力外，还包括为促进社会经济发展最终目标而附加的人工能量，主要有蓄水、引水、提水、配水、用水和耗水等活动附加的能量，以及由于人类活动引起的全球气候变化造成的能量的改变。

在循环参数方面，由于下垫面变化和土地利用方式的改变以及城市化进程，土壤孔隙和持水结构发生改变，进而导致蒸发、径流、下渗等水文特性参数随之发生改变。与此同时，水资源开发利用与社会经济活动也影响着水循环参数。

在以上三方面的共同作用下，流域/区域水循环在循环路径、循环结构以及循环通量方面均发生了较大变化。流域/区域水资源的补给和消耗也发生了较大改变，与此相随的天然生态退化和人工生态发展，水污染和环境污染加剧。其中耗水量和污染物的排放量直接关系着流域水资源的数量和质量的改变，而耗水量又是其中最核心的环节，发生在水循环的不同环节，随着用水方式的改变，水资源消耗的结构和形式也变得愈加复杂。

因此，面对现代水循环日益凸显的"自然—社会"二元特性，仅依靠区域水量平衡进行水资源动态转化过程及水资源补给和消耗量的估算已远远不能满足人们对水循环各要素间相互作用关系的全面认识，更不能针对性地进行调控。同时，伴随着全球气候的变化，能量条件也发生了明显变化，而能量循环作为水循环的主要驱动力，在作用水循环的同时，也受到水循环过程的影响，其耦合作用在当前气候条件下变得更加复杂，使得仅依靠能量平衡原理计算水量的主要消耗项——蒸发蒸腾也难以反映实际情况。为此，贾仰文等开发了基于"自然—社会"二元水循环演化特性的分布式水文模型——WEP-L模型。此模型成为全面模拟变化环境下的超大尺度流域水循环，开展水资源评价，土壤水资源数量和消耗效率评价提供了很好的支撑。

3.4.2　WEP-L分布式水文模型及其基本结构

WEP-L（water and energy transfer process in large basins）模型对分布式流域

水循环模型与 SVAT 陆面模型的综合。该模型耦合模拟了水循环过程和能量循环过程，对植被和各类下垫面的蒸发蒸腾作了详细的描述。模型对水循环过程和能量循环过程的描述大多是基于物理机理的，参数具有物理意义，基本属于分布式物理水文模拟模型。该模型是贾仰文于 1995 年所建立的基于网格式的分布式水文模型——WEP 模型的基础上，针对大型流域的特点和小网格单元产生的计算失真问题，采用"子流域内的等高带"为基本计算单元，单元内采用"马赛克法"考虑土地利用的变异性，并将天然水循环过程与人工侧支循环过程进行耦合模拟的大尺度流域分布式水文模型。该模型适合于超大型流域的水循环模拟。

WEP-L 模型的基本计算单元采用"子流域内等高带"网格形式。各单元格的平面结构如图 3-7（a）所示。坡面汇流计算根据各等高带的高程、坡度与 Manning 系数，采用一维运动波法，将坡面径流由流域的最上游端追迹计算到最下游端。河道的汇流计算根据有无下游边界条件采用一维运动波或动力波法由上游端至下游端追迹计算。地下水流分为山丘区和平原区分别进行数值解析，并考虑其与地表水、土壤水及河道水的水量交换。

WEP-L 模型计算单元的垂直结构如图 3-7（b）所示。从上到下包括植被或建筑物截留层、地表洼地储留层、土壤表层、过渡带层、浅层地下水层和深层地下水层等。状态变量包括植被截留量、洼地储留量、土壤含水率、地表温度、过渡带层储水量、地下水位及河道水位等。主要参数包括植被最大截留深、土壤渗透系数、土壤水分吸力特征曲线参数、地下水透水系数和产水系数、河床的透水系数和坡面、河道的糙率等。为考虑计算单元内土地利用的不均匀性，采用了"马赛克"法即把计算单元内的土地归成数类，分别计算各类土地类型的地表面水热通量，取其面积平均值为计算单元的地表面水热通量。土地利用首先分为裸地植被域、灌溉农田、非灌溉农田、水域和不透水域 5 大类。裸地植被域又分为裸地、草地和林地 3 类，不透水域分为城市地面与都市建筑物两类。另外，为反映表层土壤含水率随深度的变化和便于描述土壤蒸发、草或作物根系吸水、树木根系吸水，将透水区域的表层土壤分割成 3 层。

3.4.3 WEP-L 模型对土壤水动态转化的定量模拟方法

WEP-L 模型是一个具有物理机制的分布式水文模型。除具有通常分布式模型的共性之外，该模型立足于水量平衡和能量平衡原理，能够对"自然—社会"二元水循环全要素进行模拟，能够详尽计算水循环过程中自然主循环过程和社会侧支循环过程中产生的水循环要素的动态演化，以及各种蒸发蒸腾量，特别是土壤水蒸发蒸腾的详细模拟。这为全面认识处于"黑箱"中土壤水的补给、消耗以及其驱动要素——能量转化具有更加重要的作用。

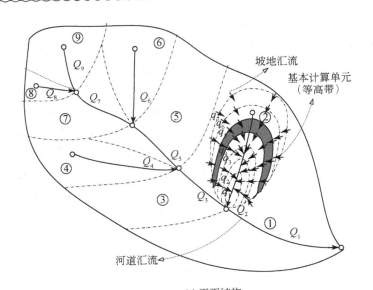

(a) 平面结构

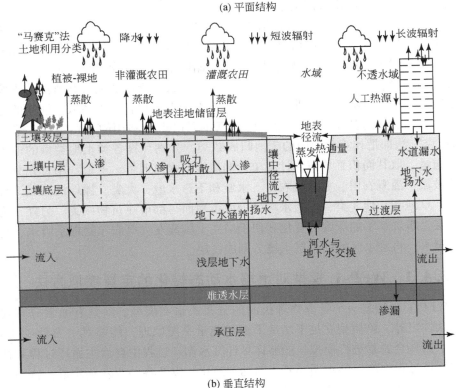

(b) 垂直结构

图 3-7   WEP-L 模型的结构

注：①～⑨为子流域编号

1. 土壤水动态转化中水平衡要素的定量模拟方法

土壤水作为水循环过程的中间环节，根据产流类型不同，WEP-L 模型采用不同的定量方式。对于入渗过程，由于降水的地表入渗过程受雨强及非饱和土壤层水分运动所控制，且非饱和土壤层水运动的数值计算既费时又不稳定，除坡度很大的山坡以外，降雨过程中土壤水运动以垂直入渗占主导作用，降雨之后沿坡向的土壤水运动才为主的土壤水动态特性，WEP-L 模型采用 Green-Ampt 铅直一维入渗模型模拟降雨入渗及超渗坡面径流。考虑到由自然力和人类活动（如农业耕作）等引起的土壤分层问题，对于超渗产流，降水下渗到土壤中的过程由多层 Green-Ampt 方法模拟；对于蓄满产流过程，将表层土壤分层，按照非饱和带土壤水运动方程进行计算。

将非饱和带分为 3 层，分别为土壤表层、土壤中层、土壤底层。3 层土壤的厚度可以变化，模型的缺省值分别设为 20cm、40cm 和 140cm（若土壤总厚度小于 200cm，则调整土壤底层厚度）。各层土壤水运动按 Richards 方程（积分形式）进行计算。具体的离散化数值模拟计算模型如下：

土壤表层：$\dfrac{\partial \theta_1}{\partial t} = \dfrac{1}{d_1}(Q_0 + QD_{12} - Q_1 - R_{21} - E_s - Etr_{11} - Etr_{12})$

土壤中层：$\dfrac{\partial \theta_2}{\partial t} = \dfrac{1}{d_2}(Q_1 + QD_{23} - QD_{12} - Q_2 - R_{22} - Etr_{12} - Etr_{22})$

土壤底层：$\dfrac{\partial \theta_3}{\partial t} = \dfrac{1}{d_3}(Q_2 - QD_{23} - Q_3 - Etr_{13})$

$Q_j = k_j(\theta_j)$，$j = 1, 2, 3$

$Q_0 = \min\{k_1(\theta_s), Q_{0max}\}$

$Q_{0max} = W_{1max} - W_{10} - Q_1$

$QD_{j(j+1)} = \bar{k}_{j,\,j+1} \dfrac{\varphi_j(\theta_j) - \varphi_{j+1}(\theta_{j+1})}{0.5(d_j + d_{j+1})}$，$\qquad j = 1, 2$

$\bar{k}_{j,\,j+1} = \dfrac{d_j \times k_j(\theta_j) + d_{j+1} \times k_{j+1}(\theta_{j+1})}{0.5(d_j + d_{j+1})}$，$\qquad j = 1, 2$

式中，Q 为重力排水；Q_{omax} 为洼地储蓄层中最大重力排水量；$QD_{j(j+1)}$ 为吸引压引起的 j 层与 $j+1$ 层土壤间的水分扩散；E_s 为表层土壤蒸发；Etr 为植被蒸发（第一下标中的 1 为高植被，2 为低植被；第二下标为土壤层号）；R_{2j} 为 j 土壤层的壤中流；$k_j(\theta_j)$ 为体积含水率 θ_j 对应的土壤导水系数；$\varphi_j(\theta_j)$ 为体积含水率 θ_j 对应的土壤吸引压；d_j 为土壤层厚度；W 为土壤的蓄水量（$W = \theta d$）；W_{10} 为表层土壤的初期蓄水量；W_{1max} 为表层土壤的最大蓄水量。另外，下标 0、1、2、3 分别为洼地储蓄层、表层土壤层、第 2 土壤层和第 3 土壤层。

在山地丘陵等地形起伏地区，同时考虑坡向壤中径流及土壤渗透系数的各向变异性。壤中流包括从山坡斜面饱和土层流入溪流的壤中流，以及从山间河谷不饱和土壤层流入到河道的壤中流两部分。对于后者，壤中流由下式计算：

$$R_2 = k(\theta)\sin(\text{slope})Ld \tag{3-30}$$

式中，$k(\theta)$ 为体积含水率对应的沿山坡方向的土壤导水系数；slope 为地表面坡度；L 为计算单元内河道的长度；d 为不饱和土层的厚度。

对于土壤水的蒸发蒸腾过程，WEP-L 模型通过采用了"马赛克"结构考虑计算单元内土地利用变异性问题，每个计算单元的蒸发蒸腾均包括植被截留蒸发、土壤蒸发、水面蒸发和植被蒸腾等多项。在具体的计算中，参考土壤—植被—大气通量交换方法中 ISBA 模型（Noilhan and Planton，1989），采用 Penman 公式或 Penman-Monteith 公式（Monteith，1973）等进行计算。同时，考虑到蒸发蒸腾过程和能量交换过程客观上融为一体的现实，为减轻计算负担，将其中的能量要素热传导及地表温度的计算采用强制复原法（Hu and Islam，1995）。

由于土壤水的消耗受区域气候、土地利用变化等因素影响，因而不同类型区域的土壤水其消耗机理差异较大，从而使得土壤水消耗过程的动态模拟方法也不完全相同。对于计算单元内土壤水消耗过程中的蒸发蒸腾量的计算，WEP-L 模型首先将土壤水蒸发蒸腾分为土壤蒸发和植被蒸腾，然而再结合土地利用状况分别计算。然后，综合进行面积加权，即可得出计算单元的土壤水的平均蒸发蒸腾量。在具体的计算中，WEP-L 模型将土地利用具体分为五大类，分别为裸地植被域、灌溉农田域、非灌溉农田域、水域和不透水域。裸地植被域又被进一步分为裸地、草地和林地 3 类。加权后的土壤水资源消耗可由下式算出：

$$E = F_{sv}E_{sv} + F_{ir}E_{ir} + F_{ni}E_{ni} \tag{3-31}$$

式中，F_{sv}、F_{ir}、F_{ni} 分别为计算单元内裸土植被域、灌溉农田及非灌溉农田的面积率（%）；E_{sv}、E_{ir}、E_{ni} 分别为计算单元内裸土植被域、灌溉农田及非灌溉农田的蒸发蒸腾量。在计算过程中，对于土壤蒸发和植被蒸腾分别采用 Noilhan-Planton 模型和 Penman-Monteith 公式进行了详细计算。下面为不同土地利用条件下土壤蒸发和植被蒸腾的计算原理。

裸地植被域的土壤水蒸发蒸腾量 E_{sv} 由下式计算：

$$
\begin{aligned}
E_{sv} &= \text{Ttr}_1 + \text{Ttr}_2 + E_s \\
E_{IR} &= \text{Ttr}_3 + E_s \\
E_{IR} &= \text{Ttr}_4 + E_s
\end{aligned}
\tag{3-32}
$$

式中，Ttr 为植被蒸腾（来自干燥叶面），下标 1 为高植被（森林、都市树木），下标 2 为低植被（草），下标 3 为灌溉农作物，下标 4 为非灌溉农作物；E_s 为裸地土壤蒸发。

其中的植被蒸腾由 Penman-Monteith 公式计算：

$$\mathrm{Ttr = Veg \times (1 - \delta) \times} E_{\mathrm{PM}}$$

$$E_{\mathrm{PM}} = \frac{(RN - G)\Delta + \rho_a C_p \delta e / r_a}{\lambda [\Delta + \gamma (1 + r_c / r_a)]} \tag{3-33}$$

式中，Veg 为裸地-植被域的植被面积率；δ 为湿润叶面的面积率；RN 为净辐射量；G 为传入植被体内的热通量；r_c 为植物群落阻抗。蒸腾属于土壤、植物、SPAC 水循环过程的一部分，受光合作用、大气湿度、土壤水等的制约。这些影响通过式（3-33）中的植物群落阻抗（r_c）做了充分考虑。

植被蒸腾是通过根系吸水由土壤层供给。假定根系吸水率随深度线性递减、根系层上半部的吸水量占根系总吸水量的 70%，则可得

$$S_r(z) = \left(\frac{1.8}{\ell r} - \frac{1.6}{\ell r^2} z \right) \mathrm{Ttr} \qquad (0 \leqslant z \leqslant \ell r)$$

$$\mathrm{Ttr}(z) = \int_0^z S_r(z)\,\mathrm{d}z = \left(1.8 \frac{z}{\ell r} - 0.8 \left(\frac{z}{\ell r} \right)^2 \right) \mathrm{Ttr} \qquad (0 \leqslant z \leqslant \ell r) \tag{3-34}$$

式中，Ttr 为蒸腾；ℓr 为根系层的厚度；z 为离地表面的深度；$S_r(z)$ 为深度 z 处的根系吸水强度；$\mathrm{Ttr}(z)$ 为从地表面到深度 z 处的根系吸水量。

灌溉农田和非灌溉农田的作物蒸腾计算与裸地植被域类似。

根据以上公式，只要给出植物根系层厚，即可算出其从土壤各层吸收的水量（蒸腾量）。在本研究中，认为草与农作物等低植物的根系分布于土壤层的第 1、第 2 层，而树木等高植物的根系分布于土壤层的所有 3 层。结合土壤各层的水分移动模型，可算出各层的蒸腾量。

裸地土壤蒸发由下述修正 Penman 公式（Jia，1997）计算：

$$E_s = \frac{(R_n - G)\Delta + \rho_a C_p \delta e / r_a}{\lambda (\Delta + \gamma / \beta)}$$

$$\beta = \begin{cases} 0 & \theta \leqslant \theta_m \\ \frac{1}{4} \left[1 - \cos(\pi(\theta - \theta_m)/(\theta_{fc} - \theta_m)) \right]^2 & \theta_m < \theta < \theta_{fc} \\ 1 & \theta \geqslant \theta_{fc} \end{cases} \tag{3-35}$$

式中，β 为土壤湿润函数或蒸发效率；θ 为表层（一层）土壤的体积含水率；θ_{fc} 为表层土壤的田间持水率；θ_m 为单分子吸力（为 1000~10000 个大气压）对应的土壤体积含水率（Nagaegawa，1996）。

与此同时，在以上定量计算土壤水分动态转化的过程中，为避免模型的过度参数化，出现异参同效问题，该模型系统还可以通过数据同化技术实现对土壤水和蒸发蒸腾等遥感反演信息的融合，进而对提高对土壤水动态转化过程的模拟精度具有作用的作用。图 3-8 为 WEP-L 模型利用扩展卡曼滤波方法建立了遥感数

据同化系统，尝试性地实现了将遥感反演蒸发蒸腾数据与 WEP-L 模型的模拟体系的同化过程。这为提高 WEP-L 模型的水文过程模拟精度，土壤水的动态转化过程的模拟精度，尤其是垂直方向土壤水资源动态转化的精确模拟具有十分重要的意义。

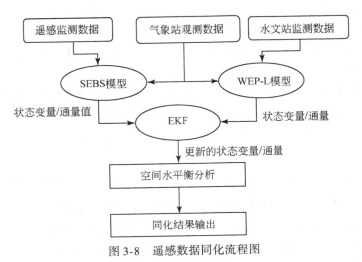

图 3-8　遥感数据同化流程图

2. 土壤水循环主要驱动要素——能量循环的定量模拟方法

能量是水循环过程的主要驱动力。随着社会水循环的发展，"自然—社会"二元水循环过程中的能量也随之发生改变：一方面体现为自然水循环的主要驱动力——太阳辐射、重力以及各种水循环过程中的势能；另一方面是由于人类活动，增加了新的能量，如电能、机械能，另外也通过人类活动影响区域/流域温度的变化进而影响水循环的驱动力。与此同时，由于土壤水资源补给和蒸发蒸腾消耗的动态转化过程主要通过毛管势驱动，另外受到温度变化的影响。因此，土壤水的动态转化，特别是蒸发蒸腾消耗与能量循环密切相关。WEP-L 模型能够较为全面的模拟大气—陆地表面的能量循环过程，且可实现日以内的能量循环过程模拟与日平均能量循环过程模拟。按照地表面能量平衡方程的组成式［式（3-36）］，WEP-L 模型对各要素做了详细的计算。

$$RN + Ae = IE + H + G \qquad (3\text{-}36)$$

式中，RN 为净放射量；Ae 为人工热排出量；IE 为潜热通量；H 为显热通量；G 为地中热通量。

其中净放射量 RN 为短波净放射量 RSN 与长波净放射量 RLN 之和。

1）短波放射（RSN）

到达地表面或植被冠层的太阳短波放射量，一部分被反射回天空，一部分被地表面或植被冠层吸收。WEP-L 模型依据土地利用类型的不同，分别进行计算。各类土地利用短波净放射量的公式为

（1）裸地-植被域：

裸地：$\mathrm{RSN}_s = \mathrm{RS}(1 - \alpha_s)(F_{\mathrm{soil}} + \tau_1 \mathrm{Veg}_1 + \tau_2 \mathrm{Veg}_2)$

高植被（树木）：$\mathrm{RSN}_1 = \mathrm{RS}(1 - \alpha_1)\mathrm{Veg}_1 - \mathrm{RS}(1 - \alpha_s)\tau_1 \mathrm{Veg}_1$

低植被（草）：$\mathrm{RSN}_2 = \mathrm{RS}(1 - \alpha_2)\mathrm{Veg}_2 - \mathrm{RS}(1 - \alpha_s)\tau_2 \mathrm{Veg}_2$

式中，$\tau_1 = \exp(-0.5\mathrm{LAI}_1)$，$\tau_2 = \exp(-0.5\mathrm{LAI}_2)$。

（2）灌溉农田域：

裸地：$\mathrm{RSN}_{\mathrm{irs}} = \mathrm{RS}(1 - \alpha_{\mathrm{irs}})(F_{\mathrm{irs}} + \tau_3 \mathrm{Veg}_3)$

农作物：$\mathrm{RSN}_3 = \mathrm{RS}(1 - \alpha_3)\mathrm{Veg}_3 - \mathrm{RS}(1 - \alpha_{\mathrm{irs}})\tau_2 \mathrm{Veg}_3$

式中，$\tau_3 = \exp(-0.5\mathrm{LAI}_3)$。

（3）非灌溉农田域：

裸地：$\mathrm{RSN}_{\mathrm{nis}} = \mathrm{RS}(1 - \alpha_{\mathrm{nir}})(F_{\mathrm{nis}} + \tau_4 \mathrm{Veg}_4)$

农作物：$\mathrm{RSN}_4 = \mathrm{RS}(1 - \alpha_4)\mathrm{Veg}_4 - \mathrm{RS}(1 - \alpha_{\mathrm{nir}})\tau_4 \mathrm{Veg}_4$

式中，$\tau_4 = \exp(-0.5\mathrm{LAI}_4)$。

式中，RS 为短波辐射 $[\mathrm{MJ}/(\mathrm{m}^2 \cdot \mathrm{d})]$；RSN 为短波净放射量 $[\mathrm{MJ}/(\mathrm{m}^2 \cdot \mathrm{d})]$；$\alpha$ 为短波反射率；F 为各类土地利用域中裸地的面积率；Veg 为各类土地利用域中植被的盖度；τ 为植被的短波放射透过率；LAI 为叶面积指数。此外，下标 s，irs，nis，1，2，3，4 分别为植被域裸地部分，灌溉农田棵间裸地部分，非灌溉农田棵间裸地部分，树木，草，灌溉农作物，非灌溉农作物。

在没有短波放射观测数据的情况下，通常由日照时间观测数据推算。日短波放射量的推算按照土地利用分别计算（Jia，1997）。具体如下：

$$\mathrm{RSN} = \mathrm{RS}(1 - \alpha)$$

$$\mathrm{RS} = \mathrm{RS}_0(a_s + b_s n/N)$$

$$\mathrm{RS}_0 = 38.5\, d_r(\omega_s \sin\varphi\sin\delta + \cos\varphi\cos\delta\sin\omega_s)$$

$$d_r = 1 + 0.33\cos(2\pi/365\, J)$$

$$\omega_s = \arccos(\tan\varphi\tan\delta)$$

$$\delta = 0.4093\sin(2\pi J/365 - 1.405)$$

$$N = (24/\pi)\omega_s$$

式中，RS 为到达地表面的短波放射量 $[\mathrm{MJ}/(\mathrm{m}^2 \cdot \mathrm{day})]$；$\alpha$ 为短波反射率；RS_0 为太阳的地球大气层外短波放射量；a_s 为扩散短波放射量常数（在平均气候条

件下为 0.25）；b_s 为直达短波短波放射量常数（在平均气候条件下为 0.5）；n 为日照小时数；N 为可能日照小时数；d_r 为地球与太阳之间的相对距离；ω_s 为日落时的太阳时角；φ 为观测点纬度（北半球为正，南半球为负）；δ 为太阳倾角；J 为 Julian 日数（1 月 1 日起算）。

2）长波放射（RLN）

对于日内时间尺度长波净放射量的计算方法是，WEP-L 模型是在计算向下和向上长波放射量，然后考虑冠层和土壤表层之间、建筑物与城市地面之间的遮挡关系进行计算获得的。对于土壤部分，具体的计算公式为

（1）裸地植被域

裸地：$\mathrm{RLN_s} = (\mathrm{RLD} - \mathrm{RLU_s})F_{soil} + (\mathrm{RLU_{v1}} - \mathrm{RLU_s})\mathrm{Veg_1} + (\mathrm{RLU_{v2}} - \mathrm{RLU_s})\mathrm{Veg_2}$

高植被（树木）：$\mathrm{RLN_{v1}} = (\mathrm{RLD} + \mathrm{RLU_s} - 2\mathrm{RLU_{v1}})\mathrm{Veg_1}$

低植被（草）：$\mathrm{RLN_{v2}} = (\mathrm{RLD} + \mathrm{RLU_s} - 2\mathrm{RLU_{v2}})\mathrm{Veg_2}$

（2）灌溉农田域

裸地：$\mathrm{RLN_{irs}} = (\mathrm{RLD} - \mathrm{RLU_{irs}})F_{irs} + \mathrm{CRLU_3} - \mathrm{RLU_{irs}}\mathrm{Veg_3}$

农作物：$\mathrm{RLN_3} = (\mathrm{RLD} + \mathrm{RLU_{irs}} - 2\mathrm{RLU_{v3}})\mathrm{Veg_3}$

（3）非灌溉农田域

裸地：$\mathrm{RLN_{nis}} = (\mathrm{RLD} - \mathrm{RLU_{nis}})F_{nis} + \mathrm{CRLU_4} - \mathrm{RLU_{nis}}\mathrm{Veg_4}$

农作物：$\mathrm{RLN_4} = (\mathrm{RLD} + \mathrm{RLU_{nis}} - 2\mathrm{RLU_{v4}})\mathrm{Veg_4}$

式中，RLN 为长波净放射量 [MJ/(m²·d)]；RLD 为向下（从大气到地表面）长波放射量；RLU 为向上（从地表面到大气）长波放射量；其余变量含义同前。

在没有长波放射观测数据的情况下，日长波放射量的推算公式（Jia and Tamai，1997）如下：

$$\mathrm{RLN} = \mathrm{RLD} - \mathrm{RLU} = -f\varepsilon\sigma(T_a + 273.2)^4$$

$$f = a_L + b_L \frac{n}{N} \tag{3-37}$$

$$\varepsilon = -0.02 + 0.261\exp(-7.77 \times 10^{-4} T_a^2)$$

式中，RLN 为长波净放射量 [MJ/(m²·d)]；RLD 为向下（从大气到地表面）长波放射量；RLU 为向上（从地表面到大气）长波放射量；f 为云的影响因子；ε 为大气与地表面之间的净放射率；σ 为 Stefan-Boltzmann 常数（4.903×10^{-9} MJ·m⁻²·K⁻⁴·d⁻¹）；T_a 为日平均气温（℃）；a_L 为扩散短波放射量常数（在平均气候条件下为 0.25）；b_L 为直达短波短波放射量常数（在平均气候条件下为 0.5）；n 为日照小时数；N 为可能日照小时数。

3）潜热通量

潜热通量（ℓE）的计算公式如下：

$$\ell E = \ell \times E$$
$$\ell = 2.501 - 0.002361 T_s \tag{3-38}$$

式中，ℓ 为水的潜热（MJ/kg）；T_s 为地表温度；E 为蒸散发（根据前节 Penman-Monteith 公式计算）。

4）地中热通量

地中热通量（G）的计算公式如下：

$$G = c_s d_s (T_2 - T_1) / \Delta t \tag{3-39}$$

式中，c_s 为土壤热容量（$MJ \cdot m^{-3} \cdot \text{℃}^{-1}$）；$d_s$ 为影响土层厚度（m）；T_1 为时段初的地表面温度（℃）；T_2 为时段末的地表面温度（℃）；Δt 为时段（d）。

5）显热通量

显热通量（H）可根据空气动力学原理计算如下：

$$H = \rho_a C_p (T_s - T_a) / r_a \tag{3-40}$$

式中，ρ_a 为空气的密度；C_p 为空气的定压比热容；T_s 为地表面温度；T_a 为气温；r_a 为空气动力学阻抗。

考虑到日平均热通量和其他通量相比很小，本书将日地表面温度变化由日气温变化近似，在求出地中热通量后，根据能量平衡方程求解显热通量如下：

$$H = (RN + Ae) - (lE + G) \tag{3-41}$$

式中，RN 为净放射量；Ae 为人工热排出量；G 为地中热通量。

6）人工热排出量

在城市地区，工业及生活人工热消耗的排出量对地表面能量平衡有一定影响，根据城市土地利用与能量消耗的统计数据加以考虑。

以上各种能量的计算可针对土地利用的不同，以能量平衡为基础，可分别进行详细的模拟。

总之，随着人类活动的影响，水循环的循环特性变得越来越复杂。全面综合"自然—社会"二元水循环过程的定量模拟，成为开展土壤水分研究必须面对的问题。基于二元水循环过程的 WEP-L 分布式水文模型对水循环要素的精细模拟结果提供了很好的支撑，可为获得宏观区域尺度开展土壤水资源数量和蒸发蒸腾消耗评价提供了重要的技术支撑。

3.5 本章小结

本章对土壤水资源评价理论及支撑评价的技术工具进行了全面的介绍。

对于土壤水资源评价理论方面：依据水资源的有效性、可控性和再生性准则，构建了包括最大可能被利用的土壤水资源量的评价，可被植被直接吸收利用的土壤水资源量的评价（可控制性）、用于国民经济生产和用于生态环境的土壤水资源量为主要构成的土壤水资源数量评价指标体系，并以水量平衡方程为基础，结合不同尺度土壤水动态转化形式，从微观和宏观尺度上，开展了土壤水资源数量评价指标的定量化推导。

又结合我国土地利用类型，剖析了土壤水资源的动态消耗结构，以及不同消耗结构中土壤水资源在生产和生态中的作用，提出了土壤水资源消耗效率的界定准则。具体为：农作物/植被基本蒸腾为生产性高效消耗；农作物/植被奢侈蒸腾、高盖度农作物/植被棵间蒸发、部分低盖度农作物/植被棵间蒸发为生产性低效消耗；部分低盖度农作物/植被棵间蒸发、农田系统裸土蒸发、取（输）水渠系蒸发为非生产性消耗。同时，为开展耗水管理调控，按照实际调控的难易程度，进一步将土壤水资源的不同消耗结构区分为可调控和不可调控；可调控部分又分为难调控和能调控。

对于支撑土壤水资源评价理论的工具方面，本章结合土壤水研究内容的侧重点和研究空间范围的不同简要介绍了当前适应性不同的土壤水的定量化分析工具，认为区域尺度分布式水文模型对于土壤水资源的定量评价具有重要的支撑作用。然而，绝大多数的分布式模型难以全面揭示高强度人类活动对水循环的影响，为进一步支撑"自然—社会"二元水循环条件下土壤水资源的定量分析，书中又对具有分析二元水循环模式下水循环特点的 WEP-L 分布式水文模型从其结构和有关土壤水动态转化过程中水量、能量循环过程的定量化方法和处理过程进行全面阐述。模型模拟过程中土壤水的动态转化与能量驱动模拟方法为立足于水循环全过程开展流域尺度土壤水资源数量和消耗效率评价提供了强有力的支撑。

第4章 黄河流域土壤水资源
及其消耗效率评价

本章是以国家重点基础研究发展计划（973 计划）"黄河流域水资源演化规律与可再生性维持机理"第二课题"黄河流域水资源演变规律与二元演化模式研究"成果 WEP-L 模型为基本工具，结合黄河流域的"自然—社会"二元水循环特点及水资源开发利用中存在的问题，首先剖析了黄河流域土壤水资源开发利用的重要性；然后，通过对历史系列下垫面和不同情景条件下全流域土壤水循环进行详细模拟，评价了不同土地利用情景下土壤水资源数量、消耗效率；最后，针对流域土壤水资源的动态转化特点提出了相应的调控对策。

4.1 黄河流域概况及水资源状况

4.1.1 黄河流域概况

1) 自然地理

黄河史称"四渎之宗"，是我国第二大河，发源于青海省巴颜喀拉山北麓的约古宗列曲，自西向东，流经青海、四川、甘肃、宁夏、内蒙古、陕西、山西、河南和山东 9 省（自治区），最后注入渤海（山东省垦利县），全长 5464km，流域地势西高东低，落差达 4480m；全流域位于 96°E～119°E，32°N～42°N，流域总面积 794 712km²，其中鄂尔多斯闭流区面积 42 269 km²。与其他江河不同，从河源到托克托河河口镇的上游（河长 3472km）和从河口镇到河南省桃花峪的中游（河长 1206km）区域占全流域总面积的 97%，桃花峪以下为下游，河长仅为 786km，面积仅占全流域总面积的 3%。其详细概况如图 4-1 所示。

全流域地形自西向东呈由高到低三大巨型阶梯，其中西部第一阶梯为青海高原，海拔超过 4000m；第二阶梯大致以太行山为东界，包括河套平原、鄂尔多斯高原、黄土高原和汾渭盆地等大型地貌单元，海拔 1000～2000m；第三阶梯范围自太行山、邛山往东直到海滨，是海河冲积大平原区，地面高程一般不足 100m。三大阶梯基本决定了黄河流域的气候和自然景观格局。

黄河流域东临海洋、西居内陆，气候的东西差异较大，呈现从西向东，气温

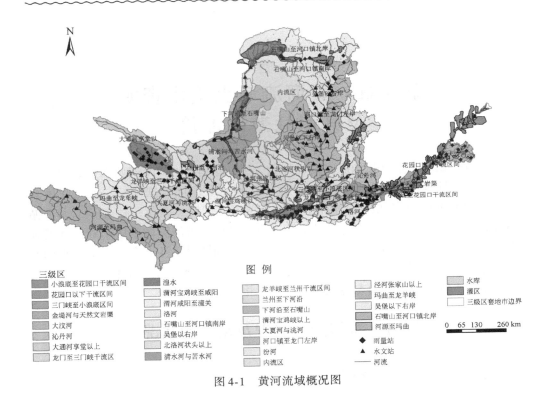

图例

三级区

小浪底至花园口干流区间	湟水	龙羊峡至兰州干流区间	泾河张家山以上	水库
花园口以下干流区间	渭河宝鸡峡至咸阳	兰州至下河沿	玛曲至龙羊峡	灌区
三门峡至小浪底区间	渭河咸阳至潼关	下河沿至石嘴山	吴堡以下右岸	三级区套地市边界
金堤河与天然文岩渠	洛河	渭河宝鸡峡以上	石嘴山至河口镇北岸	
大汶河	石嘴山至河口镇南岸	大夏河与洮河	河源至玛曲	
沁丹河	吴堡以右岸	河口镇至龙门左岸		
大通河享堂以上	北洛河状头以上	汾河	◆ 雨量站	
龙门至三门峡干流区间	清水河与苦水河	内流区	▲ 水文站	

0 65 130   260 km

图 4-1　黄河流域概况图

由冷变暖，降水逐渐递减，蒸发能力由多变少的演变特性。据统计，流域内多年平均气温上游为-4.0~9.3℃，中游为 9.4~14.6℃，下游为 14.2℃。且在全球气候变化的影响下，流域温度整体呈上升趋势，从 20 世纪 90 年代以来，全流域年平均气温比 50 年代普遍升高 1℃以上（IPCC，第三次评估报告）。流域内降水主要源于西太平洋和南海北部湾的水汽输送，由于地域跨度大且地貌复杂，多年平均降水量仅为 447mm，且空间分布极为不均，以中下游南部和下游地区较多，维持在 650mm 左右，而深居内陆的西北宁夏、内蒙古部分地区，其降水量不足 150mm。在蒸发能力方面，由于特殊的地理位置使得全流域蒸发能力很强，年蒸发量达 1100mm，且由于日照时数、太阳辐射等气象驱动要素的驱动，上下游的蒸发能力差异悬殊，以上游最大，年蒸发量超过 2500mm，属于我国蒸发量最大的地区。

黄河流域地貌复杂，高程差异较大。流域内水系较为发达，集水面积超过 1000km² 的入黄支流有 76 条，其中上游 43 条、中游 30 条、下游 3 条，最大支流为渭河。全河多年平均年天然径流量为 580 亿 m³，仅占全国河川径流总量的 2%。

流域内特殊的地理位置、气候条件和水资源状况决定了区域土地的利用方式。全流域土地利用中以草地为主，占流域总面积的 35.1%；耕地次之，占流域总面积的 15%；林地最小，仅占流域总面积的 12.8%，且三者分别主要分布于上中游、中下游和下游区域。一方面区域的气候特点、水资源状况决定着土地利用的方式；另一方面水资源状况也受气候变化、土地利用格局的影响。流域多年（1956～2010年）平均水资源量为 703 亿 m³（其中地表水资源量为 591 亿 m³，仅占相应时段全国平均地表水资源量的 2%；不重复的地下水资源量为 112 亿 m³）。

2）社会经济发展

黄河，作为中华民族的"母亲河"，其流域作为中华民族的发祥地，自古以来在我国国民经济的发展中发挥着极为重要的作用。又由于水热条件较好，土地资源丰富，新中国成立以来黄河流域一直是我国重要的农牧业发展的重要区域，在我国的农业发展中具有十分重要的位置，其中上游的宁蒙河套平原、中游汾渭盆地以及下游引黄灌区已成为我国主要的商品粮生产基地。据统计，到 2010 年，全流域耕地面积为 1.6 亿亩①，占全国耕地面积的 8.6%，生产粮食约为 4371 万 t，占全国粮食产量的 8%，人均占有粮食 378kg，基本满足了粮食的自给。

在工业发展方面，由于流域内蕴藏有丰富的矿产能源，尽管历史上流域内工业发展基础较为薄弱，但在新中国成立后工业发展较快，建立了一批能源工业、基础工业基地和新兴城市，为进一步发展流域经济奠定了基础。目前黄河流域分布有我国重要的能源基地，山西能源基地、鄂尔多斯盆地综合能源基地和中东核电基地；形成了以包头、太原等城市为中心的全国著名的钢铁生产基地和铝生产基地，以山西、内蒙古、宁夏、陕西、河南等省（自治区）为中心的煤炭重化工生产基地，建成了我国著名的中原油田、胜利油田及长庆和延长两个油气田。西安、太原、兰州等城市机械制造、冶金工业等也有很大发展，在我国的能源发展中发挥着极为重要的作用，成为我国能源发展战略总体格局的主体。尤其鄂尔多斯盆地综合能源基地，在"十二五"乃至今后更长一段时间内，将是国家新兴的能源产业集中群的有机构成。这也推动了第三产业的快速发展。

随着全流域工农业和第三产业的发展，社会经济增长迅速。据统计 1980～2010 年的 31 年，全流域总人口增长了 37.1%，国内生产总值增长了 36.9 倍，工业增加值从 1980 年的 310.0 亿元增加到 2010 年的 17 571.4 亿元，年增长率为 14.4%；农田有效灌溉面积从 1980 年的 6492.5 万亩增加到 2010 年的 12 288.0 万亩，31 年新增农田有效灌溉面积近一半。粮食的生产量也由 1980 年的 2295.6 万 t

---

① 1 亩 ≈ 666.7m²。

增加到 2010 年的 4370.9 万 t，增加了 1.9 倍。表 4-1 为不同年份黄河流域社会经济发展指标。

表 4-1   黄河流域经济社会发展主要指标

年份	总人口 /万人	GDP /亿元	人均 GDP /元	工业增加值 /亿元	农田有效灌溉面积/万亩	粮食产量 /万 t
1980	8 177.0	916.4	1 121	310.0	6 492.5	2 295.6
1985	8 771.4	1 515.8	1 728	489.0	6 404.3	2 586.4
1990	9 574.4	2 280.0	2 381	739.5	6 601.2	3 264.2
1995	10 185.5	3 842.8	3 773	1 474.8	7 143.0	3 208.9
2000	10 971.0	6 565.1	5 984	2 559.1	7 562.0	3 530.7
2005	10 684*	13 733.0	12 154	6 684.1	7 764.6	3 296.7*
2010	11 208.6	34 716.8	30 974	17 571.4	12 288.0	4 370.9

*采用 2003 年的数据

4.1.2   黄河流域水资源状况及其面临的问题

黄河流域特殊的地理位置和气候条件，使得流域水资源整体呈现出"水少沙多、水沙异源、水资源丰富、水患制约"的基本特点。加之全球气候变化和经济社会发展等人类活动的双重作用，流域水资源发生变化，也引发了一系列相关问题。

1)   水资源本底条件及其演变规律

受源于西太平洋和南海北部湾气流，以及印度洋暖湿气团影响，全流域水资源的分布不均且先天不足。其水量的 56% 来自兰州以上，其余主要来自秦岭北麓及洛河、沁河支流。由于近年来全球气候变化以及土地利用格局的影响，流域内水循环驱动条件发生了改变，使得流域内降水量、蒸发量、水资源量等均随之发生变化。

降水量：全流域整体呈现下降趋势，区域间分布更加不均。据统计，近 55 年（1956~2010 年），全流域平均降水量为 446 mm，较 1956~1979 年的前 24 年平均的 460mm 减少 3.05%；2001~2010 年降水量较 1956~2000 年的平均值又偏少 2.4%。在空间分布上，400mm 等雨量线穿过全流域，将整个流域分为干旱区域、湿润区域两部分。另外，流域内还包括 25 万 km² 的干旱半干旱少雨缺水地区和 4.2 万 km² 的闭流区。在此条件下，全流域降水整体呈现如下特点：东南多雨，西北干旱，山区降水大于平原；年降水量由东南向西北递减，东南和西北相差 4 倍以上；湿润区与半湿润区最大与最小年降水量的比值大多在 3 倍以上；干旱、半干旱区最大与最小年降水量的比值一般在 2.5 ~ 7.5 倍。不同年份和不同地区的降水量变化如图 4-2 和图 4-3 所示。

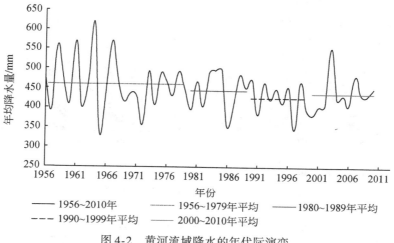

图 4-2　黄河流域降水的年代际演变

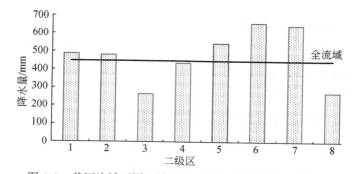

图 4-3　黄河流域不同区域 1956 ~ 2000 年平均降水量分布

注：1 ~ 8 分别表示黄河流域水资源二级区龙羊峡以上、龙羊峡—兰州、兰州—河口镇、河口镇—龙门、龙门—三门峡、三门峡—花园口、花园口以下和内流区

蒸发量：由于流域气温、地形、地理位置的区域间变化较大，蒸发蒸腾空间分布极不均匀。以兰州—河口镇区间最大，达到 1360mm，以此为界，分别向上下游递减。在时间上，据相关统计分析发现，全流域整体呈现明显的下降趋势，且集中体现在 1980 年和 1990 年，以春季和夏季的蒸发下降最为明显（邱新法等，2003；郭军等，2005）。

在以上降水、蒸发以及人类活动的共同影响下，流域的水资源状况发生明显改变。其中，地表径流量、地下水资源量和水资源总量，以及入海水量均呈明显下降。不同要素的变化如图4-4和表4-2所示。

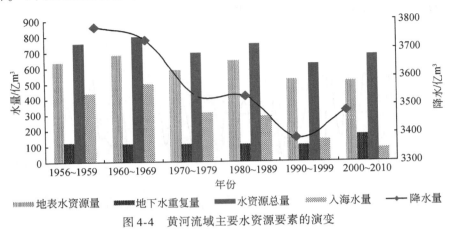

图4-4 黄河流域主要水资源要素的演变

表4-2 1956～2010年黄河流域水资源演变

年份	降水/mm	降水/亿 m³	地表水资源量/亿 m³	地下水重复量/亿 m³	水资源总量/亿 m³	入海水量/亿 m³
1956～2010	446	3549	591	112	703	272
1956～1979	460	366	635	114	749	410
1980～2010	435	346	558	111	668	165

数据来源：水利部水资源公报

2) 社会水循环过程及其相伴的水循环通量变化

作为中华民族的发祥地，人类对黄河流域水资源的开发利用历史悠久。早在公元前246年就修建了享有盛誉的郑国渠，在20世纪20年代又出现了国内近代灌溉工程典范——关中八惠。

新中国成立后，随着经济的发展，水资源需求的增加，流域内开展了大规模的水利建设，不仅改造扩建了原来的老灌区，而且兴建了一批大中型水利工程。据统计，到2010年，黄河干流已建在建水利枢纽有12座，总库容为563亿 m³；已建支流水库170余座，总库容超过100亿 m³；灌溉面积由1950年的1200万亩发展到2010年的近1.2亿亩。同时，为解决西部干旱半干旱地区的灌溉和饮水困难，修筑的坑塘、水窖等小型蓄水工程已达300多万处。此外，为治理流域水土流失，调整土地覆被、修建治沟骨干工程以及淤地坝等。水利工程的建设和下垫面格局的变化，一方面通过取用耗排水等方式直接参与，并影响流域水循环过程；另一方面又通过下垫面间接影响水循环以及水资源的动态转化；集中地体现为供—用—耗—排水各方面。

在供水方面，由表 4-3 可知，2010 年流域总供水量为 392.3 亿 m³（包含流域外引水量），其中地表水供水量为 262.6 亿 m³，地下水供水量为 126.8 亿 m³。分别较 1980 年增加 49.4 亿 m³、30.4 亿 m³ 和 16 亿 m³。

表 4-3　黄河流域供水结构变化

年份	总供水量 /亿 m³	地表供水		地下供水	
		水量 /亿 m³	所占比例 /%	水量 /亿 m³	所占比例 /%
1980	342.9	232.2	67.7	110.8	32.3
1985	333.6	231	69.2	102.1	30.6
1990	381.1	259.8	68.2	121.3	31.8
1995	404.6	267	66.0	137.6	34.0
2000	418.8	272.9	65.2	145.8	34.8
2005	381.5	244.9	64.2	133.2	34.9
2010	392.3	262.6	66.9	126.8	32.3

在用水方面，由表 4-4 可知，2010 年黄河流域总用水量达到 392.3 亿 m³，其中农业用水量为 277.6 亿 m³（包括农业灌溉用水 256.4 亿 m³ 和林牧渔业用水 21.2 亿 m³），工业用水量为 61.5 亿 m³，城镇生活用水量为 25.4 亿 m³，农村生活用水为 18.3 亿 m³。与 1980 年相比，农业灌溉用水所占比例减少了近 20%，其他各用水户的用水量均呈增加的趋势。全流域不同年份用水量及用水结构的整体变化如图 4-5 所示。

表 4-4　全流域不同年份的用水结构的变化　　　　（单位:%）

用水部门	1980 年	1985 年	1990 年	1995 年	2000 年	2005 年	2010 年
城镇生活用水/总用水量	1.63	2.40	2.83	3.48	4.32	5.32	6.55
农村生活用水/总用水量	3.41	3.75	3.80	4.10	4.06	4.72	4.66
工业用水/总用水量	8.23	9.64	11.23	13.37	14.21	14.57	15.68
农业灌溉用水/总用水量	84.46	79.92	77.33	73.95	70.80	68.15	65.36
林牧渔业用水/总用水量	2.25	4.29	4.80	5.09	6.61	6.37	5.40

注：2005 年和 2010 年总用水量中包括生态环境用水

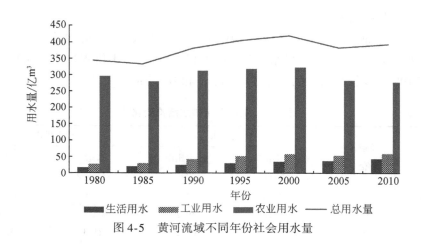

图 4-5 黄河流域不同年份社会用水量

在耗水和用水效率方面，严峻的水资源供求矛盾并没有彻底改变人们的用水效率和浪费水的习惯。尽管近年来有所改善，但与全国先进地区和世界发达国家相比，流域内水资源利用效率整体较低。

据统计，近 10 年全流域耗水量整体呈上升趋势，但耗水率变化并不明显，维持在 77% 左右，且以地表水消耗量的增加为主。到 2006 年人均用水量为 369 m^3，与 1980 年人均用水量相当，但万元 GDP 用水量从 1980 年的 3742m^3 下降至 2006 年的 306m^3，减少了 92%；万元工业增加值取水量由 1980 年的 876m^3 下降至 2006 年的 119m^3，下降了 86%。农田实灌定额由 1980 年的 542m^3/亩减少至 2006 年的 383m^3/亩，减少了 159m^3/亩。与全国平均水平相比，黄河流域万元 GDP 用水量较全国平均水平略有减少（全国平均万元 GDP 用水量为 313 m^3），比北京市和天津市万元 GDP 用水量（200 m^3）高出 106 m^3，且流域内区域间的差异较大。2000～2010 年黄河流域用水的消耗量和消耗效率详见表 4-5。

表 4-5　2000～2010 年黄河流域用水消耗量变化

年份	用水消耗量/亿 m^3			用水消耗率/%		
	地表水	地下水	总用水	地表水	地下水	总用水
2000	272.3	93.6	365.9	78.7	69.5	76.1
2005	267.9	93.9	361.8	80.7	70.6	77.8
2010	309.2	85.7	394.9	80.3	67.4	77.1

3）面临的主要问题

由以上分析可知，黄河流域水资源条件本底较差，加之人类活动和气候变化的影响，使得流域的水资源问题突出。集中地体现为以下 3 方面。

（1）水资源本底较差，且演变加剧。黄河流域 75% 的面积为干旱半干旱区域，流域内降雨量少，且分布不均。加上近年来全球气候变化和人类活动的影响，降水量和地表径流量整体呈衰减趋势，而社会经济增长，人口增长较快，使得全流域 2010 年人均水资源占有量为 468 亿 m^3，仅为全国人均占有量的 20%，耕地面积亩均水资源量为 422m^3，仅为全国平均水平的 25. %。有限的水资源在支撑经济社会的快速发展过程中，引发了新的矛盾。

（2）供需水矛盾突出，用水竞争激烈。随着经济社会发展和生态环境保护，黄河流域水资源需求量巨大。在 1949～1990 年，黄河流域水资源需求量由 1949 年的 74 亿 m^3，增长到 1990 年的 278 亿 m^3，增加近 3 倍。即使在 2010 年水资源开发利用率达到 76%，远超过国际上规定的 40% 警戒线的条件下，流域内仍约有 1100 多万亩农田地得不到灌溉。在经济高速发展的条件下，预计到 2030 年，全流域缺水量将达到 110 亿 m^3。与此同时，由于大量的水资源需用于输送黄河泥沙，开展生态环境保护的需求，水资源的供求形势更加突出。尽管进入 21 世纪以来，流域的水资源状况有所好转，维持了长年不断流，但是全流域水资源状况仍不容乐观。

（3）水资源利用效率较低。黄河流域在 1990～2010 年期间用水水平和用水效率有了较大提高，但与全国先进地区相比，用水管理与用水技术仍相对落后，用水效率指标尚有较大差距。由于部分灌区渠系老化失修、工程配套较差、灌水田块偏大、沟长畦宽、土地不平整、灌水技术落后及用水管理粗放等原因，造成了灌区大水漫灌、浪费水严重的现象。万元工业增加值取水量为 119 m^3，用水重复利用率只有 60%，与国内外先进城市相比差距较大。

同时，对于农作物生长和生态环境中发挥重要作用的土壤水资源又重视不够，使得农业水资源短缺严重，干旱缺水严重，水土流失普遍存在。据统计，在 1949～2000 年，黄河流域农业区每年都有旱灾发生。黄河流域在 1950～2010 年干旱范围在扩大，且 1996～2009 年流域干旱影响整体呈上升趋势，是我国各大流域中受干旱影响最严重的区域。其中，黄河流域 1982 年因旱绝收面积 70 万 hm^2，居全国首位；1980 年因旱减产粮食 332 万 t，居全国首位。之后尽管在 2000～2003 年干旱受灾和成灾面积呈现缓慢减少的趋势，但在 2004～2009 年干旱受灾和成灾面积又呈逐年稳步上升趋势，使得 2009 年全流域由于干旱缺水农田成灾面积达到 494.3 万 hm^2，对流域农业生产和社会经济造成巨大损失。

总之，黄河作为我国第二大河，北方地区最大的供水水源，由于全球气候变化和人类活动的双重作用，水资源短缺的情势十分突出。农业作为用水大户，尽管在总用水中的比例开始下降，但是农业用水的绝对数量变化越来越不明显。面对保障粮食安全的现实需求，而水资源供需矛盾突出的现实，农业和生态环境将面临着更加突出的水资源短缺问题。用好一切可利用的水资源成为解决水资源不足的重要方面。

4.1.3 土壤水资源在应对水资源不足中的作用

黄河流域的土地光热资源、矿产资源和能源丰富，共有耕地 1.79 亿亩，人均 1.53 亿亩，约为全国人均耕地面积的 1.5 倍，且分布有我国主体农业战略格局"七区二十三带"中的黄淮海平原区、汾渭平原、河套灌区等农业主产区。尚有宜农宜牧宜林后备土地资源 3000 万亩，农业生产发展潜力巨大，对全国农业乃至整个国民经济发展具有举足轻重的作用。

然而，由于全流域水资源居于十大流域片的倒数第二位且近年来日益减少，3/4 的土地面积地处干旱半干旱地区，在灌溉农田中每年因缺水得不到灌溉的农田近 20%，干旱缺水已成为制约这一区域农业可持续发展的重要限制因子。针对当前我国径流性水资源严重短缺，耕地资源严重不足，而黄河流域具有独特的土地光热资源的先天优势，如何充分挖掘有限耕地的生产潜力，提高水资源的合理利用，利用好土壤水资源不仅对黄河流域食物安全、生态安全和资源安全都具有重要的战略意义，而且对缓解全国的水资源状况也具有十分重要的意义。

然而，由于研究流域较大且实际监测的土壤水分数据极少，使得在流域尺度上从资源角度定量认识土壤水的研究极其罕见，对如何全面系统地加以利用并没有系统的理论指导。有鉴于此，书中借助黄河流域二元演化模型 WEP-L，结合遥感信息，从宏观尺度对黄河流域土壤水资源评价作了初步探索，以为进一步开展流域土壤水资源的有效利用，立足于水循环过程加强水资源消耗管理提供帮助。

4.2 黄河流域 WEP-L 模型对土壤水资源的模拟

4.2.1 流域单元格的划分

由于黄河流域地面结构复杂，仅利用子流域并不能全面揭示水循环的演变机理。为此，全流域基本计算单元，根据"子流域内等高带"为计算单元的原理，WEP-L 模型根据 DEM（水平分辨率为 30 弧秒即约为 1km 的 USGS-GTOPO30 全球陆地 DEM）和实测水系矢量图，将全流域划分成 8485 个子流域（子流域平均面积约为 93.6 km²，相应有 8485 条河段，图 4-6 （a））。又针对黄河流域面积较大，子流域单元面积较大难以对水循环过程做出精细模拟的现实，在研究中将各子流域依据地表高程进一步划分成 1～10 个等高带，全流域共划分为 38 720 个等高带（图4-6（b））。每个等高带内作为基本计算单元，可进行天然水循环过程与人工侧支水循环过程的耦合模拟。

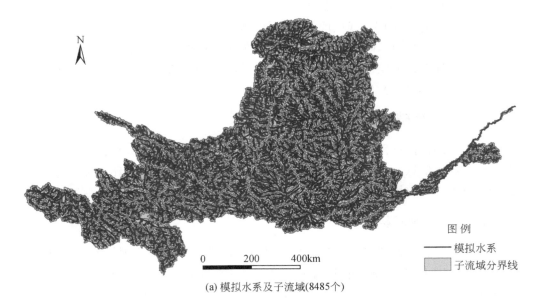

(a) 模拟水系及子流域(8485个)

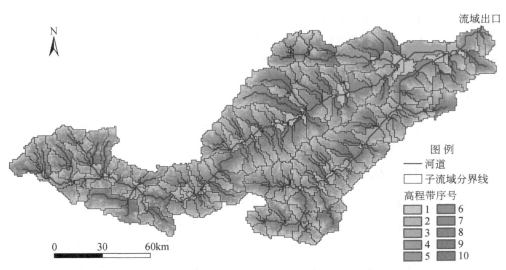

(b) 基本计算单元为等高程带，以黄河一级支流——伊洛河流域为例

图 4-6　黄河流域计算子流域和计算单元划分图

在具体的计算中，将水平方向依据土地利用类型分为 5 类，即裸地植被域、灌溉农田域、非灌溉农田域、水域和不透水域；将垂直方向依据降水的转化结构和水循环的特性分为 6 层，即植被或建筑物截留层、地表洼地储留层、土壤层（包括 3 层）、过渡带层、浅层地下水层和深层地下水层。

通过模型运行前基础数据资料的准备和处理工作后，可在基本计算单元上实现流域水循环的详细模拟。其中，有关黄河流域模型的结构详见《黄河流域水资源及其演变规律研究》（王浩等，2010）。

4.2.2　基础数据准备与处理

在模型的模拟过程中需要获取的数据资料包括：水文气象资料、水文地质资料、土地利用信息、土壤类型资料以及地表高程信息等自然水循环相关信息，社会经济发展以及取用水等社会水循环相关信息。具体描述如下。

1）水文气象资料

降水资料：在模拟中采用的降水资料包括两类，一类是全国气象站/雨量站观测信息，即 1956 ~ 2000 年 45 年系列 915 个雨量站点逐日降水信息，日内过程选用全流域 1956 ~ 2000 年 45 年系列 904 个雨量站点降水要素摘录信息，是主要的模拟信息；另一类是通过遥感反演的面雨量信息，用于数据空间展布的校核。

径流资料：包括实测径流和还原径流两部分。其中，实测径流采用经过整理黄河流域干支流 1956 ~ 2000 年 45 年系列，135 个典型水文断面把口站逐日的流量信息资料；还原径流采用 1956 ~ 2000 年 45 年系列干支流 64 个水文站逐月还原径流资料。

其他气象资料：包括 1956 ~ 2000 年逐日的气象要素信息，主要有日照、气温、水汽压、相对湿度、风速。其中，1956 ~ 1990 年黄河流域气象站点为 212 个，1991 ~ 2000 年气象站点为 125 个。

2）系列年下垫面信息

土地利用信息：在模拟中采用经国家相关部门审查批准的 1985 年、1995 年和 2000 年三个时段的 1∶100 000 土地利用图。土地利用的源信息为各时段的 LandsatTM 影像，波段为 4、3、2，地表空间分辨率为 30m。土地利用类型的分类系统采用国家土地遥感详查的两级分类系统，累计划分为 6 个一级类型和 31 个二级类型。通过地表抽样调查，遥感解译精度为 93.7%。通过 1985 年、1995 年以及 2000 年三期土地利用图，结合 1956 ~ 2000 年流域的相关统计资料，进行插值获得历史系列下垫面。

植被指数：主要包括 1980～2000 年 21 年逐旬 NOAA/AVHRR 影像，地表空间分辨率为 8km。在该源信息的基础上，依次提取出植被指数（NDVI）、植被盖度（VEG）和叶面积指数（LAI）等有关植被时数信息。

水土保持信息：采用 1980～2000 年 21 年系列全流域各县《水利统计年鉴》公布的水土保持建设信息，统计项目包括坝地、梯田、人工林、人工草。其中，坝地和梯田时空变化表征的源信息采用各县的《水利统计年鉴》，通过"社会化像元"进行转换。水保林草地的动态变化通过土地利用图的叠加提取获得。

3）土壤信息

土壤及其特征信息采用全国第二次土壤普查资料。其中，土壤分布图包括比例尺分别为 1∶1000 000 和 1∶100 000 的两套。土层厚度和土壤质地均采用《中国土种志》中的"统计剖面"资料。为进行分布式水文模拟，根据土层厚度对机械组成进行加权平均，采用国际土壤分类标准进行重新分类。

4）水文地质信息

水文地质信息主要来自于《黄河流域水资源规划》。岩性分区和含水层厚度信息源于《中国水文地质分布图》。

5）地表高程

本书采用的黄河流域 DEM 来自于美国地质调查局（USGS）EROS 数据中心建立的全球陆地 DEM（也称 GTOPO30）。GTOPO30 可直接从互联网上下载，网址是 http：//edcdaac.usgs.gov/gtopo30/gtopo30.asp。GTOPO30 为栅格型 DEM，它涵盖了全球陆地的高程数据，采用 WGS84 基准面，水平坐标为经纬度坐标，水平分辨率为 30 弧秒。整个 GTOPO30 数据的栅格矩阵为 21 600 行，43 200 列。

在此基础上，参照了实测的水系图（来自于全国 1∶25 万地形数据库），利用 GIS 软件从上面提到的全流域栅格型 DEM 提取而来。

对于模拟中所需要河道断面形状参数涉及全流域 8485 个子流域的河道，实际上不可能获得如此多的实测资料的实际情况，在具体的处理中通过大量河道断面实测数据的基础上，用统计等方法来推算河道断面形状参数。

6）社会经济及取用水信息

社会经济信息主要为源于《全国水资源综合规划》水资源开发利用调查评价中的相关内容。主要的指标包括水资源二级区及各省行政区 1980 年、1985 年、1990 年和 1995 年的人口、城镇化率、GDP、工农业发展指标等，以及对应的各水资源三级区及各地级行政区 1980 年、1985 年、1990 年和 1995 年不同水源信息和不同用水部门的用耗水信息。对于此类信息通过空间展布实现社会经济指标的单元格分布。

4.2.3 模型的校验与模拟

为实现对黄河流域土壤水资源的评价，避免计算过程中的重复计算，书中在具体计算中，以 WEP-L 模型为基本工具，对 45 年（1956~2000 年）历史下垫面和气象数据系列以及不同下垫面情景、分离人工取用水（以避免地表水与土壤水之间的重复计算）过程进行以天然河川径流量为主的水循环过程的模拟，以全面确定水循环条件下的土壤水的动态转化过程，进而确定土壤水资源。在模型的模拟过程中，严格遵循"黄河流域水资源演变规律与二元演化模型"研究中模型的模拟过程和检验方法。

在具体模拟过程中，取 1956~1979 年为模型参数的率定期，1980~2000 年为模型的校验期。在经过参数的率定和模型的校验后，首先以河道流量、地下水位、土壤含水率、地表截留深及积雪水深等状态变量为初始条件，然后根据 45 年连续模拟计算后的平衡值替代。

在模型参数的率定中，通过灵敏度分析（Saltellli，2000）后确定进行主要的率定参数，通过模拟期年均径流量误差尽可能小，Nash-Sutcliffe 效率系数（简称 Nash 系数）尽可能大，以及模拟流量与观测流量的相关系数尽可能大的率定准则，完成模型参数的率定。表 4-6 给出了主要断面天然径流的校验结果，23 个水文站点（图 4-7）的还原径流与模拟径流量的最大相对误差为 -5.0%，Nash 系数在 0.7 以上。由校验的结果可以看出，模型的模拟精度可以满足水资源评价。在此模型模拟的基础上，可对水循环系统中的土壤水资源量以及其消耗结构和效用进行分析。有关模型的结构、参数率定和模型的校验等详细过程见文献（王浩和贾仰文，2010）。

表 4-6　径流量的模拟结果校验

水文站	还原径流量 /亿 m^3	模拟流量 /亿 m^3	相对误差 /%	Nash 系数
贵德	210.80	216.33	2.62	0.83
兰州	331.08	333.71	0.79	0.86
唐乃亥	204.19	198.04	-3.02	0.82
头道拐	333.49	338.66	1.55	0.74
龙门	386.85	381.90	-1.28	0.71

续表

水文站	还原径流量 /亿 m³	模拟流量 /亿 m³	相对误差 /%	Nash 系数
三门峡	500.80	498.75	−0.41	0.74
花园口	560.40	546.67	−2.45	0.78
华县	84.90	80.97	−4.62	0.70

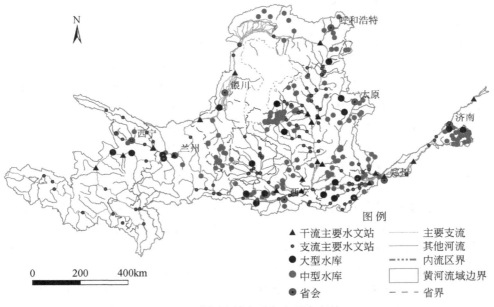

图例
▲ 干流主要水文站 ——— 主要支流
• 支流主要水文站 ——— 其他河流
● 大型水库 -·-·- 内流区界
● 中型水库 □ 黄河流域边界
● 省会 - - - 省界

0　200　400km

图 4-7　黄河流域水系与主要水文站

4.3　历史下垫面流域土壤水资源数量及其演变规律评价

4.3.1　土壤水资源总量

由历史下垫面 1956～2000 年系列降水和分离人工取用水条件下的模拟结果（表 4-7）可知，全流域的土壤水资源为 261.7mm，合计为 2078 亿 m³。但由于区域内降水、土地利用格局的变化，土壤水资源的空间分异性较大。在全流域，河口镇以上区域及内流区单位面积的土壤水资源维持在 180～200mm，且兰州—河口镇区间的土壤水资源量达到 318 亿 m³；河口镇以下区域单位面积的土壤水资源量达到 300mm 以上，且河口镇—龙门—花园口区域土壤水资源量呈逐渐增加的趋势。

表 4-7　历史系列年下垫面条件下，黄河流域多年平均二级区土壤水资源量

区域	面积 /万 km²	降水		河川径流		土壤水资源		土壤水资源量/降水量/%	土壤水资源量/河川径流量
		降水深 /mm	降水量 /亿 m³	径流深 /mm	径流量 /亿 m³	水深 /mm	水资源量 /亿 m³		
全流域	79.4	448.6	3 562	87.0	691	261.7	2078	58.4	3.0
龙羊峡以上	13.0	485.2	632	180.8	236	198.8	259	41.0	1.1
龙羊峡—兰州	9.0	479.0	432	144.9	131	205.1	185	42.8	1.4
兰州—河口镇	16.1	265.4	428	13.1	21	197.4	318	74.4	15.1
河口镇—龙门	11.1	433.0	481	44.4	49	319.8	355	73.9	7.2
龙门—三门峡	19.2	542.3	1039	84.1	161	333.6	639	61.5	4.0
三门峡—花园口	4.2	657.5	275	139.4	58	384.8	161	58.5	2.8
花园口以下	2.4	643.4	157	121.5	30	315.6	77	49.1	2.6
内流区	4.3	271.7	118	12.1	5	193.4	84	71.2	16

　　由于土壤水资源与降水密切相关，全流域不同区域间土壤水资源变化规律与降水的空间分布基本一致，均表现为从上游向下游逐渐增大的变化趋势，三门峡—花园口区域达到最大，之后其他区域又略有下降。其中，三门峡—花园口区域土壤水资源为 384.8mm，而内流区和黄河上游区却不足 200mm。

　　对于降水转化为土壤水资源的转化率而言，由于降水在其循环过程中经过各种截流、蒸发以及深层渗漏，经过区域内地表水、地下水和土壤水之间的相互转化，而最终形成地表水资源、地下水资源和土壤水资源，不仅与区域的降水特性有关，而且也受地形地貌等因素的影响，因而降水转化为土壤水资源的转化率在时空上并不与多年平均土壤水资源数量的空间分布相似。由表 4-7 可知，全流域多年平均约有 58.4% 的降水转化为土壤水资源，不同区域的转化率均在 40% 以上。在空间上，降水转化为土壤水资源的转化率整体呈现出以兰州—河口镇区域为界从西北向东南区域递减的变化趋势，其中兰州—龙门及内流区的土壤水资源占对应流域降水量的比例较大，维持在 70% 左右，是全流域降水转化为土壤水资源最大的地区。而兰州以上区域则为全流域中降水转化为土壤水资源转化率最小的区域，多年平均不足 45%。

　　尽管全流域土壤水资源的空间分布与降水量分布基本相似，但是降水转化为土壤水资源的转化率的空间分布则与上述的情况不完全相同。比较土壤水资源量

与降水转化为土壤水资源的转化率的空间变化可知，全流域基本上呈现出土壤水资源低值区，土壤水资源转化率较高，土壤水资源相对高值区，土壤水资源转化率则较低的变化格局。

另外，与河川径流量相比（表4-7），全流域土壤水资源达到径流量的3倍。不同分区的土壤水资源也均超过其径流量，其中兰州—河口镇以及内流区最大分别高达15倍以上。由此可见，在降水的循环转化中，土壤水资源占有极大的比例。因此，面对全流域径流性水资源的严重不足，为缓解农业发展和生态环境建设，加强对土壤水资源的利用具有重要意义，特别是对于降水量较少的地区，土壤水资源在生产生活中的重要作用更不能忽视。图4-8直观地描绘了黄河流域"四水"转化过程中土壤水资源量与其他水资源量占降水的比例关系。

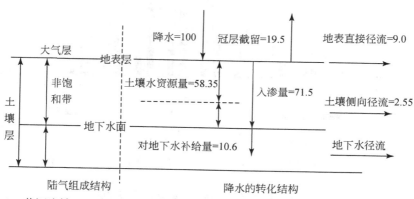

图4-8　黄河流域"四水"转化过程中土壤水资源量及其他水资源量占降水的比例关系

4.3.2　土壤水资源量的演变特征

由于土壤水资源的形成受到众多因素的影响，随着降水、土地利用等因素的变化而变化，故存在不同的演化特征。

1）年内变化

全流域多年平均土壤水资源量的年内变化与降水量的相似，集中表现为：年初和年末较小，汛期（6~9月）较大，非汛期小（图4-9和表4-8）；其中在5~9月达到1621.19亿 m³，占全年土壤水资源量的77.97%；11月至翌年2月仅为67.86亿 m³，不足全年土壤水资源量的5%。

对于不同区域，由于区域降水特性以及区域下垫面对降水动态转化等因素的影响，使得构成不同区域不同时段内土壤水资源的降水入渗补给、时段土壤水蓄变量存在区域和季节的差异，从而土壤水资源的年内变化也各具特色。在黄河上游的兰州以上区域，5~9月的土壤水资源量占全年总量的85%以上，相应时段龙羊峡以上区域的土壤水资源达到242.46亿 m³，龙羊峡—兰州区域为157.65亿 m³；而花园口以下区域仅为全年土壤水资源量的68.74%，为53.21亿 m³；在11月~翌年2月，龙羊峡以上区域的土壤水资源量仅为全年总量的0.06%，而花园口下游区域则达到8.18%。

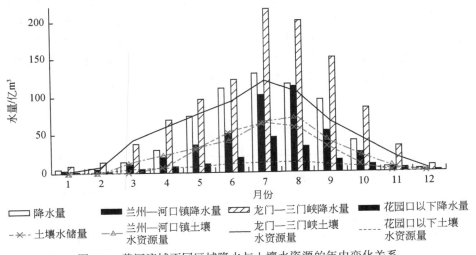

图 4-9　黄河流域不同区域降水与土壤水资源的年内变化关系

表 4-8　多年平均土壤水资源量的年内分配

区域	1月/%	2月/%	3月/%	4月/%	5月/%	6月/%	7月/%	8月/%	9月/%	10月/%	11月/%	12月/%	全年总量/亿 m³
全流域	0.12	0.76	4.89	7.75	11.66	15.23	20.56	19.03	11.49	6.12	2.05	0.34	2078
龙羊峡以上	0.00	0.00	0.29	3.33	12.94	21.06	24.81	22.46	12.25	2.80	0.05	0.00	259
龙羊峡—兰州	0.00	0.05	1.96	7.50	14.32	17.56	21.31	20.00	11.85	4.92	0.54	0.01	185
兰州—河口镇	0.00	0.16	4.57	7.59	13.61	21.08	22.16	12.68	6.44	1.31	0.02		318
河口镇—龙门	0.01	0.50	5.85	7.79	10.14	13.94	21.27	19.27	11.96	7.08	2.12	0.10	355
龙门—三门峡	0.15	1.27	6.60	9.44	12.14	14.49	18.86	16.40	10.39	6.76	2.99	0.51	639
三门峡—花园口	0.71	2.15	6.33	8.86	11.99	14.60	18.20	15.69	9.89	6.39	3.81	1.38	161
花园口以下	0.51	2.10	7.14	7.71	11.24	13.35	16.62	15.69	11.84	8.24	4.20	1.37	77
内流区	0.00	0.16	4.75	7.36	9.53	12.26	21.90	22.87	13.08	6.50	1.55	0.03	84

比较年内不同区域土壤水资源的演变可知，在空间上，全流域土壤水资源的逐月变化具有明显的地带性，基本上可归结为龙羊峡—兰州、兰州—龙门（包括内流区）、龙门—花园口三大分区，且各区域土壤水资源的年内分配呈现从东南

向西北逐渐由分散变得集中的演变趋势，且绝大多数区域各月均有一定量的土壤水资源可供利用。

综合土壤水资源的主要分布，在时间上，土壤水资源的演变大致可以概括为四个阶段。

第一阶段：土壤水资源量稳定消退的阶段。此时期集中于 11 月到翌年 2 月。在该时段，区域内土壤水资源量最小，且基本呈现逐渐减少的稳定变化。结合其动态转化可说明其原因，对于补给侧，主要源于此时降水量极少，构成时段内土壤水库的降水入渗补给量日渐减少，而对于消耗侧，相应条件下的消耗却并未停止，但由于此时段气温较低，蒸发消耗量较小，从而使不同时段内土壤水资源以相对缓慢的速度减少，表现为相对稳定的下降。

第二阶段：土壤水资源量缓慢增加的阶段，主要集中于 3 ~ 5 月。这一时段，在补给侧，由于降水和融雪水的逐渐增多，土壤水库中的降水入渗补给量呈现逐月缓慢增大的趋势；在消耗侧，随着气温的回升，土壤内水分的运动增强，植被蒸腾和土壤蒸发量均有所增加，而天然降水入渗补给不能满足蒸散发的需求，时段前期土壤水库中的蓄水量处于快速消退阶段，在此过程中发挥着重要作用。降水补给和蓄存量二者共同作用使得土壤水资源表现出缓慢增加的趋势。

第三阶段：土壤水资源快速上涨，并达到最大值的阶段。此时段主要集中于 6 ~ 8 月。此时段，在补给侧，由于降水入渗的快速增加，入渗补给土壤水库的量随之增大；在消耗侧，此时土壤水的蒸发蒸腾量随温度的升高而增大，但由于降水量超过了土壤的总蒸散发量，使得在土壤水资源的构成中，时段末土壤水蓄量增大。降水补给和蓄存量的变化共同促使此时的土壤水资源量呈快速上涨趋势，且达到一年中最大的阶段。

第四阶段：土壤水资源量处于快速消退的阶段，主要集中于 9 ~ 10 月。此时段，在补给侧，由于降水量减少，降水入渗补给土壤水库的水量下降；在消耗侧，尽管气温的降低减少了蒸发蒸腾量，但是由于降水量补给远小于此时的总蒸散发消耗量，从而使得时段末土壤水蓄水量快速减少。时段内降水量的减少和蓄存量的下降共同作用下使得区域内该时段的土壤水资源快速消退。

2）年际变化

由图 4-10 可知，土壤水资源的年际差异明显。在历史系列年下垫面条件下，土壤水资源的年际变化与降水量具有相似的变化趋势。整体呈现出随着区域降水量的增大，土壤水资源增加的演变趋势。在 1956 ~ 2000 年的 45 年中，土壤水资源在降水总量的影响下，全流域呈现缓慢减少的趋势，但是其下降的趋势小于降水的下降趋势（图 4-10）。特别是进入 20 世纪 90 年代以来，土壤水资源的距平值大于此时段降水的距平值。

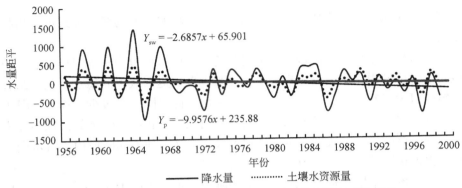

图 4-10   历史系列年下垫面降水量与土壤水资源量的变化趋势

由 1956～2000 年的统计分析发现，全流域土壤水资源总体呈现减少趋势，且年际变化不完全相同的演变特性。土壤水资源在年际变化，集中表现为三个时段，即 70 年代之前缓慢减少，70～80 年代中期维持水平，进入 90 年代略呈下降趋势。以 80 年代最小，较多年平均值少 56.5 亿 m^3，为 2022 亿 m^3，90 年代又略有上升，达到 2080 亿 m^3。不同年代的变异性较大，全流域 90 年代的变差系数（C_v）最大，为 0.077，70 年代次之，而 70～80 年代最小。不同区域的年代际变化差异较大，即使河口镇—花园口区间与全流域的趋势相似，其变异性却较全流域大，而其他区域却与之相反。

比较不同二级区年际变差系数（表 4-9）可知，兰州以上区域、龙门—三门峡和三门峡—花园口区域土壤水资源的年际变化较小，45 年内变差系数基本维持在 0.08 左右，但是龙门—三门峡和三门峡—花园口区域在进入 20 世纪 90 年代后，土壤水资源的变异性增加；河口镇—龙门从 50 年代末期～90 年代初，土壤水资源的年际变化逐渐减小，但进入 90 年代后，变差系数迅速增大，达到 0.1。比较不同区域 45 年内年际变差系数可知，全流域中，内流区土壤水资源的空间变异性最大，兰州—河口镇—龙门次之，龙羊峡以上区域最小。

表 4-9   历史系列年下垫面条件下土壤水资源量的年际变化

区域	1956～2000 年		1956～1969 年		1970～1979 年		1980～1989 年		1990～2000 年	
	资源量/亿 m^3	C_v	资源量/亿 m^3	C_v	资源量/亿 m^3	C_v	资源量/亿 m^3	C_v	资源量/亿 m^3	C_v
全流域	2078	0.068	2113	0.069	2086	0.048	2022	0.060	2080	0.077
龙羊峡以上	259	0.078	254	0.085	262	0.065	248	0.056	272	0.066

续表

区域	1956~2000 年		1956~1969 年		1970~1979 年		1980~1989 年		1990~2000 年	
	资源量/亿 m³	C_v	资源量/亿 m³	C_v	资源量/亿 m³	C_v	资源量/亿 m³	C_v	资源量/亿 m³	C_v
龙羊峡—兰州	185	0.071	182	0.073	186	0.057	180	0.066	194	0.064
兰州—河口镇	318	0.141	325	0.16	319	0.136	303	0.138	323	0.114
河口镇—龙门	355	0.108	370	0.115	351	0.085	351	0.064	342	0.129
龙门—三门峡	639	0.068	648	0.055	646	0.047	628	0.071	632	0.090
三门峡—花园口	161	0.077	164	0.049	164	0.054	155	0.079	158	0.105
花园口以下	77	0.109	79	0.109	76	0.096	75	0.135	78	0.087
内流区	84	0.185	90	0.197	83	0.138	81	0.192	81	0.170

结合不同年代的降水量（表 4-10，表 4-11）发现，土壤水资源年际变化较降水小，且不同年代土壤水资源占降水的比例不同。二者的比例关系在全流域呈波浪形波动，20 世纪 60 年代和 80 年代较小，70 年代与 90 年代较大，而且 90 年代为最大。不同子流域（除花园口下游区域）在 90 年代土壤水资源与降水的比例达到 45 年的最大，全流域土壤水资源占降水量的 62%。由此可见，区域内土壤水资源的年际变化不仅与降水有关，而且也与区域内土地覆被、土地利用等条件密切相关。这说明降水是土壤水资源演变的最主要决定因素，但土地利用情势影响着转化趋势。

表 4-10 历史下垫面条件不同年代降水的年际变化

区域	1956~2000 年		1956~1969 年		1970~1979 年		1980~1989 年		1990~2000 年	
	降水量/亿 m³	C_v	降水量/亿 m³	C_v	降水量/亿 m³	C_v	降水量/亿 m³	C_v	降水量/亿 m³	C_v
全流域	3563	0.14	3757	0.17	3543	0.09	3538	0.11	3358	0.10
龙羊峡以上	632	0.11	631	0.16	628	0.10	661	0.11	611	0.09
龙羊峡—兰州	433	0.13	440	0.21	440	0.10	434	0.114	416	0.095
兰州—河口镇	428	0.216	452	0.305	434	0.190	392	0.204	423	0.153
河口镇—龙门	480	0.216	529	0.289	475	0.167	461	0.145	441	0.151
龙门—三门峡	1039	0.157	1112	0.185	1021	0.118	1061	0.147	943	0.144
三门峡—花园口	275	0.178	293	0.241	267	0.106	281	0.157	253	0.169
花园口以下	158	0.219	168	0.313	158	0.100	138	0.203	162	0.189
内流区	119	0.272	131	0.358	120	0.209	110	0.269	110	0.213

· 87 ·

表 4-11　不同年代土壤水资源占降水的比例　　（单位：%）

区域	1956~2000 年	1956~1969 年	1970~1979 年	1980~1989 年	1990~2000 年
全流域	58.35	56.25	58.88	57.17	61.95
龙羊峡以上	40.97	40.26	41.76	37.59	44.49
龙羊峡—兰州	42.82	41.43	42.16	41.41	46.68
兰州—河口镇	74.40	71.79	73.48	77.26	76.43
河口镇—龙门	73.85	70.02	73.88	76.12	77.51
龙门—三门峡	61.52	58.28	63.26	59.26	66.98
三门峡—花园口	58.52	56.16	61.28	55.33	62.57
花园口以下	49.05	47.01	48.16	54.45	48.36
内流区	71.20	68.79	69.32	74.08	74.07

3）土壤水资源时空变化的归因分析

由于土壤水资源的形成是一个众多因素综合作用的结果。尽管降水是其主要影响因素，但是在其形成过程中又与区域土地的覆被状况、土地的利用结构和土地的平整程度以及地下水的埋深等因素密切相关。这在 20 世纪 90 年代的变化最为明显。由表 4-7 和图 4-12 可知，在 90 年代，尽管在全球气候变化的影响下，流域内降水量整体呈下降趋势，但是土壤水资源却不完全相同。

由表 4-12 可知，在兰州以上区域，尽管区域内 90 年代的植被覆盖度变化不大，甚至略有下降，但土壤水资源量和降水转化为土壤水资源的转化率却增大，说明此区域土壤水资源的改变主要受降水类型的影响；兰州—河口镇区域，尽管植被覆盖度增加，增大了土壤水资源量，但降水转化为土壤水资源的转化率却减少，这可能源于时段降水和植被类型或结构的改变；河口镇—龙门区域的土壤水资源量尽管随着植被覆盖度的增加，降水转化为土壤水资源的转化率相对下游其他区域而言却较小；此变化最为明显的是龙门—花园口区域，随植被覆盖度的增加，土壤水资源量增大，降水转化为土壤水资源的转化率提高；花园口以下区域尽管土壤水资源量有所增加，但是植被的覆盖度和降水转化率则均表现出减少的趋势。

表 4-12　系列年下垫面条件下黄河流域土地利用比例　　（单位：%）

区域	1956~2000 年		1956~1969 年		1970~1979 年		1980~1989 年		1990~2000 年	
	裸地	植被	裸地	植被	裸地	植被	裸地	植被	裸地	植被
黄河区	35.59	61.43	36.22	60.84	35.80	61.22	35.41	61.60	34.68	62.28
龙羊峡以上	46.73	48.25	46.15	48.92	46.42	48.57	47.02	47.92	47.50	47.41

区域	1956~2000 年		1956~1969 年		1970~1979 年		1980~1989 年		1990~2000 年	
	裸地	植被	裸地	植被	裸地	植被	裸地	植被	裸地	植被
龙羊峡—兰州	30.57	67.19	30.59	67.22	30.53	67.24	30.64	67.10	30.51	67.18
兰州—河口镇	43.27	52.54	43.89	51.94	43.49	52.31	43.31	52.55	42.23	53.48
河口镇—龙门	38.81	60.27	40.50	58.61	39.52	59.56	38.12	60.95	36.63	62.41
龙门—三门峡	23.73	74.37	24.76	73.38	23.96	74.16	23.05	75.06	22.85	75.22
三门峡—花园口	22.02	75.48	23.99	73.52	23.32	74.16	22.29	75.21	18.07	79.41
花园口以下	10.02	81.49	10.37	81.29	9.89	81.70	9.73	81.74	9.90	81.34
内流区	55.93	42.73	56.05	42.59	56.31	42.31	56.63	41.99	54.81	43.97

同时，由兰州—河口镇—龙门区域 20 世纪 80 年代与 90 年代的植被覆盖度与降水转化率可知，尽管 80 年代的植被盖度较 90 年代小，但降水转化率却明显增加。分析其原因，可能源于新中国成立后，国家在黄河中上游地区开展大面积的植树造林，进入 90 年代林冠增大，冠层截留增加，使降水转换为土壤水资源的转化率降低所致。这也和一些研究者提出的植被类型和结构（截留）对土壤水资源的补给有重要影响这一结论相一致（杨文治，1981；陈云明等，1994；邹厚远，2000）。

总之，通过黄河流域土壤水资源、降水转化为土壤水资源的转化率与土地利用状况的相关关系可以发现：土壤水资源、降水与土壤水资源的转化率均受区域内降水量以及土地的覆被度、植被种类、生长结构等因素的影响。二者间的相关关系基本上表现为增加植被的覆盖度，降低流域裸地面积，可增加土壤水资源。这与通常的研究结果——增加植被覆盖度可在一定程度上实现缓解径流的形成，增加降水入渗达到涵养土壤水资源的作用相一致（刘昌明，1978；康绍忠，1998；穆兴民等，1999）。比较区域间的土壤水资源的转化率也可发现，区域的降水类型、植被状况，由于冠层节流的增加，在一定程度上对涵养土壤水源又具有负面影响。因此，在实际中，应结合区域降水和土地利用的特点，坚持因地制宜、因时制宜的原则采取水土保持措施改变土壤水分状况。

另外，考虑到土壤水资源是一个消耗的过程量，且在 9 月~翌年 2 月（第一、第四阶段）主要以消耗时段初土壤水库蓄水量为主，其他阶段主要以降水入渗补给为主的动态转化特点。因此，在土壤水资源的消耗管理中，应该结合不同阶段的土壤水资源的动态转化特点，在第一、第四阶段加强时段初土壤水库蓄水量（或称土壤墒情）的蓄积，减少消耗，在其他各阶段应以增加降水入渗，控制耗水为重心的土壤水资源管理。

4.4　历史下垫面流域土壤水资源消耗结构和消耗效率分析

由于土壤水资源是"四水"转化的重要环节，在整个水循环系统中的纽带作用，以及对生产和生态所发挥的作用，主要是通过水循环过程中的补给和消耗实现，且最终均以蒸发蒸腾的形式实现其资源价值。因此，如何高效利用土壤水资源，取决于区域土壤水资源蒸发蒸腾的消耗结构和消耗效率。要提高土壤水资源的利用效用，必须明确其蒸发蒸腾的消耗效率。

为此，下面结合第3章中有关土壤水资源消耗效率的界定准则，根据土地利用和植被覆盖度将土地利用分为不同类别，在对黄河流域"自然—社会"二元水循环过程中蒸发蒸腾结构全面模拟的基础上，进一步结合土地利用变化分析土壤水资源的消耗结构和消耗效率。

4.4.1　流域多年平均土壤水资源消耗结构

由表 4-13 可知，在 45 年气象系列下垫面无人工取用水条件下，全流域土壤水资源量为 2078 亿 m^3，其中消耗于植被蒸腾量为 382 亿 m^3，占土壤水资源总量的 18.4%；用于植被棵间和难利用土地的蒸发量共计 1696 亿 m^3，占土壤水资源总量的 81.6%。蒸腾量仅为蒸发量的 22.5%。

表 4-13　历史下垫面条件下黄河流域土壤水资源的消耗关系分析

区域	土壤水资源总量/亿 m^3	植被蒸腾消耗总量/亿 m^3	土壤蒸发消耗总量/亿 m^3	植被蒸腾/土壤水资源总量/%	土壤蒸发/土壤水资源总量/%
全流域	2078	382	1696	18.4	81.6
龙羊峡以上	259	21	238	8.1	91.9
龙羊峡—兰州	185	35	150	18.9	81.1
兰州—河口镇	318	55	262	17.3	82.4
河口镇—龙门	355	68	286	19.2	80.6
龙门—三门峡	639	138	501	21.6	78.4
三门峡—花园口	161	46	115	28.6	71.4
花园口以下	77	15	63	19.5	81.8
内流区	84	4	81	4.8	96.4

不同水资源二级分区也表现出相似的规律。如图 4-11 所示，各分区土壤水资源也主要消耗于土壤的蒸发。蒸发消耗量均占区域全部土壤水资源量的 70%以上，而植被蒸腾量消耗量不足 30%。不同区域，由于区域间气候、土地利用

状况的差异，使得消耗于蒸发和蒸腾的土壤水资源量的空间变化悬殊。就植被蒸腾的消耗量而言，龙羊峡以上区域最小，蒸腾量不足区域土壤水资源的 10%，而三门峡—花园口区域则为最大，为相应区域土壤水资源量的28.6%，且全流域呈现出以三门峡—花园口区域为界，分别向上游和下游递减的单峰曲线分布。土壤水资源的蒸发消耗量也有较大的空间变异性，呈现从上游向下游逐渐减少的趋势。各分区土壤水资源的消耗量详见表 4-13。

由上面的分析可见，蒸发和蒸腾方式消耗的区域土壤水资源量在数量上和空间上均存在明显差异，从而也使得土壤水资源的区域利用效用不同。为实现土壤水资源的高效利用，下面就土壤水资源的利用效用进一步分析。

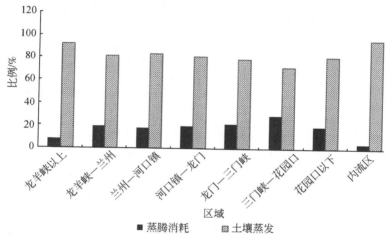

图 4-11 黄河流域各二级水资源分区土壤水资源的消耗结构

4.4.2 流域多年平均土壤水资源消耗效率

依据土壤水资源效用的判断方法可知，不同消耗方式土壤水资源的经济和生态服务功能迥然不同。对于土壤水资源的植被蒸腾消耗量而言，其效用相对单一，由于直接参与生物量的生成，因而被认为是高效利用部分。而对于土壤蒸发消耗量，其效用的差异较大，且与区域土地利用和植被覆被状况密切相关。为此，根据不同土地利用条件下关于蒸发蒸腾量有效性的判别依据（表 4-14）和分析结果（表 4-15）发现，全流域土壤水资源的有效消耗利用量总计为 920 亿 m^3，占土壤水资源总量的 44.3%，其中高效消耗利用量为 382 亿 m^3，低效消耗利用量为 538 亿 m^3，分别占土壤水资源总量的 18.4% 和 25.9%。另外，无效消耗量为 1158 亿 m^3，占土壤水资源总量的 55.7%。由此可见，在系列下垫面条件下，全流域土壤水资源的有效消耗利用量小于无效消耗量，且在有效消耗利用量中，高效消耗利用量大于低效消耗利用量。在土壤水资源的三种消耗利用量关系中，无效蒸发量占主要地位，占土壤水资源总量的一半以上。

表 4-14 不同植被条件下土壤水资源消耗效用的判断准则

覆被类型	耕地	林地				草地		
		有林地	灌木林	其他	疏林地	高盖度	中盖度	低盖度
平均覆被度	1	1	1	0.3	0.3	1	0.5	0.2
有效棵间蒸发比/%	100	100	100	30	30	100	50	20

表 4-15 历史下垫面条件下土壤水资源的消耗效用

流域分区	土壤水资源总量/亿 m³	有效消耗			无效消耗/亿 m³	有效消耗/总土壤水资源			无效消耗/总土壤水资源/%
		总量/亿 m³	高效消耗/亿 m³	低效消耗/亿 m³		总量/%	高效消耗/%	低效消耗/%	
全流域	2078	920	382	538	1158	44.3	18.4	25.9	55.7
龙羊峡以上	259	95	21	74	164	36.7	8.1	28.6	63.3
龙羊峡—兰州	185	103	35	68	82	55.7	18.9	36.8	44.3
兰州—河口镇	318	112	55	57	206	35.2	17.3	17.9	64.8
河口镇—龙门	355	114	68	46	241	32.1	19.2	13.0	67.9
龙门—三门峡	639	319	138	181	320	49.9	21.6	28.3	50.1
三门峡—花园口	161	99	46	53	62	61.5	28.6	32.9	38.5
花园口以下	77	59	15	44	18	76.6	19.5	57.1	23.4
内流区	84	19	4	15	65	22.6	4.8	17.9	77.4

不同水资源二级分区土壤水资源消耗利用效率表现为：在龙羊峡以上区域、兰州—三门峡区域以及内流区，其对应的土壤水资源的有效消耗利用量小于相应的无效消耗量；而在龙羊峡—兰州区域以及三门峡以下区域则为有效消耗利用量大于无效消耗量，其中花园口以下区域为最大，相应有效消耗利用量为土壤水资源总量的 76.6%。

在有效消耗利用量中，高效消耗利用量与低效消耗利用量间也存在区域差异。仅在黄河的中游地区的河口镇—龙门区域，高效消耗利用量大于低效消耗利用量，前者是后者的 1.48 倍。其他各区域均以低效消耗利用量为主。相差最大的是龙羊峡以上区域，其高效消耗利用量仅为低效消耗利用量的 28.4%。

由以上分析可知，在系列下垫面条件下，全流域土壤水资源的总体利用效率较低。尽管区域间具有一定的差异性，但是整体上仍是以低效消耗和无效消耗占有绝对的比重。因此，重视并提高土壤水资源的利用效用对缓减水资源紧缺，特别是农业水资源短缺问题具有十分重要的意义。同时，由土壤水资源的低效和高效消耗的关系也表明，在提高土壤水资源利用效用的过程中，应以减少其无效消耗和低效消耗的部分为重点。但是对于不同区域其侧重点不同，如花园口区域以减少低效消耗量为主，而在其他各区域则以减少无效消耗量为主。

4.4.3　不同土地利用对应的土壤水资源的消耗利用效率

土壤水资源不能提取和运输的特性使得土壤水资源的消耗利用效率的改变与区域土地利用的状况密切相关。要改善和提高土壤水资源的综合利用效率，必须明确不同土地利用类型条件的土壤水资源的利用效率。下面就与土壤水资源形成和转化最为密切的三种土地利用类型——裸地植被域、灌溉农田域和非灌溉农田域进行分析，为区域提高土壤水资源的利用率进行种植结构调整提供依据。

由表 4-16 可知，全流域林地、草地、灌溉农田和非灌溉农田中土壤水资源的有效消耗利用量分别为：308.1 亿 m^3、338.5 亿 m^3 和 70.7 亿 m^3 和 202.7 亿 m^3。其中，低效消耗利用量分别为相应土地利用条件总有效消耗利用量的 49.7%、50.1%、78.4% 和 78.8%。在林地、草地和裸地中，无效消耗量分别为 31.6 亿 m^3、179.6 亿 m^3 和 947.1 亿 m^3。其中，林地和草地的无效消耗量分别占相应土地利用情况下消耗量的 9.3%、34.7%。由此可见，全流域中绝大多数土壤水资源以无效消耗的形式损失，有植被覆盖土地的无效消耗量较裸地的蒸发消耗量小，但草地的无效消耗量远大于林地的无效消耗。在有效消耗利用中，农田中低效消耗占绝对大比重，林地和草地的高效和低效消耗相近，但草地的低效消耗量大于林地的低效消耗量。

表 4-16　历史下垫面不同土地利用下的土壤水资源消耗效率

（单位：亿 m^3）

| 区域 | 林地 | | | 草地 | | | 灌溉农田 | | 非灌溉农田 | | 裸地 |
| | 有效消耗 | | 无效消耗 | 有效消耗 | | 无效消耗 | 有效消耗 | | 有效消耗 | | 无效消耗 |
	高效蒸腾	低效蒸发	蒸发	高效蒸腾	低效蒸发	蒸发	高效蒸腾	低效蒸发	高效蒸腾	低效蒸发	蒸发
全流域	155.0	153.1	31.6	168.8	169.7	179.6	15.3	55.4	42.9	159.8	947.1
龙羊峡以上	5.3	13.3	2.8	15.4	58.6	62.2	0.0	0.1	0.3	1.5	98.6
龙羊峡—兰州	14.0	26.3	5.7	18.1	33.1	34.5	1.0	2.8	2.2	6.1	41.4
兰州—河口镇	12.9	2.2	0.5	31.2	19.5	20.2	3.0	8.4	7.9	26.8	185.3
河口镇—龙门	26.6	17.9	3.8	35.7	10.8	11.2	0.6	2.0	5.3	15.3	226.3

区域	林地			草地			灌溉农田		非灌溉农田		裸地
	有效消耗		无效消耗	有效消耗		无效消耗	有效消耗		有效消耗		无效消耗
	高效蒸腾	低效蒸发	蒸发	高效蒸腾	低效蒸发	蒸发	高效蒸腾	低效蒸发	高效蒸腾	低效蒸发	蒸发
龙门—三门峡	64.3	59.3	11.8	51.3	30.3	32.7	6.2	26.8	16.0	64.4	275.5
三门峡—花园口	27.0	26.2	5.7	11.1	5.2	5.5	1.8	4.9	6.3	16.9	51.2
花园口以下	4.5	7.0	1.3	3.2	2.0	2.1	2.7	10.2	4.6	25.1	14.9
内流区	0.4	0.9	0.0	2.8	10.2	11.2	0.0	0.2	0.3	3.7	53.9

不同水资源二级分区表现出相似的变化。在兰州以上区域、三门峡—花园口区域以及内流区等区域林地和草地的低效消耗量均大于相应的高效蒸腾量，其他区域则相反。在灌溉农田和非灌溉农田均表现出低效消耗大于高效消耗的变化。对于无效消耗而言，基本上以龙门—三门峡为界，上游区域大于下游区域，且裸地的无效消耗量最大，草地的次之，林地的最小。

由此可见，在黄河上游区域，要提高土壤水资源的利用效率应以增加土地的覆盖、减少裸地面积为主；对于下游区则应以调整种植结构，减少棵间的低效消耗为主，特别要重视农田和草地的棵间蒸发消耗。

4.5　不同下垫面情景下土壤水资源的消耗动态转化

由前面分析可知，黄河流域的土壤水资源量相当可观，但绝大多数被无效消耗。为进一步挖掘土壤水资源的利用潜力，减少无效蒸发蒸腾，提高其利用效率，下面结合土壤水资源消耗转化与土地利用密切相关的特点，通过情景设置，分析不同土地利用条件下土壤水资源的补给和利用状况，以进一步揭示不同土地利用（植被覆被分布）条件下土壤水资源的变化规律。

4.5.1　情景设置

本书以天然状态下的水循环为研究模式，以 1956～2000 年降水系列为研究背景，在历史系列年下垫面基础上，通过适当调整土地利用方式，设置以下三种下垫面情景，以分析不同土地利用条件下土壤水资源及其构成成分的变化，揭示土地利用对流域土壤水资源补给和消耗关系的影响规律。具体情景如下：

情景一：以林地代替裸地，替代面积按照林地增长 5% 的方式改变系列年历史下垫面土地利用。

情景二：以草地代替裸地，替代面积按照草地增长5%的方式改变系列年历史下垫面。

情景三：对于降水量大于500mm的区域，在裸地面积的改变中增加林地所占比重，对于降水量小于450mm的区域，则增加草地所占比重，并结合情景一、二的分析结果进行土地利用调整。

具体的土地利用状况见表4-17。

表4-17　不同情景下各区域的土地利用状况　（单位：%）

情景		全流域	龙羊峡以上	龙羊峡至兰州	兰州—河口镇	河口镇—龙门	龙门—三门峡	三门峡—花园口	花园口以下	内流区
情景一	林地*	16.37	11.84	23.82	9.6	16.32	21.07	31.35	13.71	6.2
	草地	24.8	40.38	34.69	24.3	18.39	16.67	11.67	5.46	35.06
	农田	25.11	0.89	13.48	23.62	30.45	41.44	36.81	67.16	6.45
	裸地*	30.74	41.86	25.76	38.29	33.91	18.93	17.67	5.17	50.96
情景二	林地	11.52	6.98	19.02	4.62	11.43	16.27	27.01	8.87	1.22
	草地*	29.65	45.26	39.49	29.27	23.29	21.47	16.01	10.29	40.04
	农田*	25.11	0.89	13.48	23.62	30.45	41.44	36.81	67.16	6.45
	裸地	30.74	41.85	25.76	38.29	33.91	18.93	17.67	5.17	50.96
情景三	林地*	12.51	7.97	20.01	5.62	12.42	17.26	27.96	9.87	2.22
	草地*	25.78	41.36	35.66	25.29	19.37	17.65	12.58	6.46	36.06
	农田	25.11	0.89	13.48	23.62	30.45	41.44	36.81	67.16	6.45
	裸地	33.62	44.76	28.61	41.27	36.83	21.76	20.15	8.01	53.94

*为经过变化的土地利用类型

4.5.2　不同土地利用情景下土壤水资源量分析

由表4-18可知，在不同土地利用情景下，流域土壤水资源与历史系列年下垫面条件的结果相比有所差别。

表4-18　不同情景条件下降水转化率及土壤水资源量的变化

区域	降水/mm	情景一		情景二		情景三	
		土壤水资源/mm	与降水比例/%	土壤水资源/mm	与降水比例/%	土壤水资源/mm	与降水比例/%
全流域	448.6	261.2	58.2	260.8	58.1	273.1	60.9
龙羊峡以上	485.2	195.9	40.4	196.7	40.5	199.1	41.0
龙羊峡—兰州	479.0	203.9	42.6	203.7	42.5	205.2	42.8

区域	降水/mm	情景一		情景二		情景三	
		土壤水资源/mm	与降水比例/%	土壤水资源/mm	与降水比例/%	土壤水资源/mm	与降水比例/%
兰州—河口镇	265.4	196.5	74.0	196.5	74.0	211.8	79.8
河口镇—龙门	433.0	320.8	74.1	319.5	73.8	326.2	75.3
龙门—三门峡	542.3	334.5	61.7	333.2	61.4	350.4	64.6
三门峡—花园口	657.5	386.9	58.8	385.2	58.6	389.6	59.3
花园口以下	643.4	316.6	49.2	316.5	49.2	359.8	55.9
内流区	271.7	191.9	70.0	192.7	70.9	231.2	85.1

情景一：当全黄河流域土地利用中扩大林地覆盖度，减少裸地面积时，流域多年平均土壤水资源将达到 261.2mm，合计为 2074 亿 m^3，较历史系列年下垫面土壤水资源减少 0.5mm，约合计为 4 亿 m^3。但土壤水资源占降水比例与系列年下垫面相差不明显，维持在 58.2%。

不同水资源二级区的土壤水资源变化表现为：河口镇以上区域、内流区及花园口以下区域减少，其他区域增加，其中龙门—三门峡区域的增加较多。这说明在河口镇以上区域及内流区仅增加林地面积不利于区域土壤水资源的增加，特别是龙羊峡以上区域和内流区。而河口镇—龙门以及三门峡—花园口区域适当增加林地面积则有助于土壤水资源的增加，尤其对于龙门—三门峡区域，增加林地对涵养土壤水源具有重要的作用。

情景二：当在全黄河流域历史系列年下垫面土地利用模式中扩大草地覆盖度，减少裸地面积时，全流域土壤水资源为 260.8mm，合计为 2070 亿 m^3，与对应历史系列年下垫面相比，单位面积减少 0.9mm，合计为 7.6 亿 m^3；全流域土壤水资源占降水的比例较历史系列年下垫面情况略有减少，为 58.1%。

不同水资源二级区土壤水资源表现为：除龙门—花园口区域以外，其他各区域均呈减少的趋势，且以龙羊峡以上区域的减少最多。这说明龙门以上以及花园口以下区域，仅通过增大草地面积，改善区域的土地利用方式，并不利于区域土壤水资源的增加。这可能与区域草地面积占有量较大，林草农田布局不合理有关。

情景三：当在全黄河流域历史系列年下垫面土地利用模式中，结合区域的降水特点，适当增加林草地面积，减少裸地面积时，全流域年均土壤水资源量为 273.1mm，合计为 2169 亿 m^3，占降水比例为 60.9%。与历史系列年下垫面情况相比，增加了 4.4%。

比较不同水资源二级区土壤水资源的变化表现为：除龙羊峡以上区域略有减少外，其他各区域均呈现增加趋势，且就土壤水资源的数量而言以龙门—三门峡增加最多，其次是兰州—河口镇，内流区的增加量位居第三。对于单位面积的土壤水资源的增加而言，以内流区和花园口以下区域较大，其增加的土壤水资源量均为历史系列下垫面条件的10%。这说明在涵养水源方面，应依据区域气候特点，因地制宜的增加林地和草地面积，减少裸地可提高土壤涵养水源的能力。

比较三种情景下土壤水资源可发现，情景一条件下较情景二条件下的土壤水资源量增加3.5亿 m³；情景三条件下土壤水资源量分别较情景一、二分别增加94.9亿 m³和98.4亿 m³。

这说明全流域土壤水资源受土地利用方式的影响极大。当全流域减少相同裸地比例，增加林地面积比增加草地面积的情况下更有利于土壤水资源的形成。但就不同水资源二级区域而言，由于土壤类型和降水等气候差异则存在较大差异。基本上呈现在龙羊峡以上区域和内流区按照降水特性，适当增加草地覆盖度、林地覆盖度的合理种植比例有助于土壤水资源的形成，而龙羊峡—河口镇变化不明显，其他区域则基本上表现出增加林地覆盖度较增加草地覆盖度有益于土壤水资源的形成，但合理的林地和草地、农田和裸土的比例更加有利于土壤水资源的形成。

4.5.3　不同土地利用情景下土壤水资源转化结构分析

随着土地利用方式的改变，土壤水资源的补给量、消耗量也随之发生变化。

（1）土壤水资源补给量的变化：由表4-19降水转化结构的变化可知，随着不同情景条件下植被盖度的改变，土壤水资源的动态转化关系也发生改变。

表4-19　不同情景条件下土壤水资源转化结构　（单位：mm）

区域		全流域	龙羊峡以上	龙羊峡—兰州	兰州—河口镇	河口镇—龙门	龙门—三门峡	三门峡—花园口	花园口以下	内流区
情景一	冠层截流	89.9	108.7	132.4	40.5	66.5	108.1	128.3	162.3	33.1
	直接径流	53.2	142.7	116.2	9.2	14.4	25.8	56.8	100.2	6.6
	地下水补给	48.4	49.2	39.1	31.0	34.0	64.0	83.2	71.2	48.9
	土壤水补给	257.1	184.6	191.3	184.7	318.1	344.6	389.2	309.7	183.1
情景二	冠层截流	89.5	105.0	128.3	40.8	66.8	108.7	128.2	171.1	30.6
	直接径流	54.1	143.7	117.4	9.8	16.0	26.7	58.4	101.7	7.4
	地下水补给	47.5	49.3	38.9	29.5	32.6	63.4	82.6	69.3	46.8
	土壤水补给	257.6	187.3	194.5	185.3	317.6	343.5	388.2	301.4	186.9

续表

区域		全流域	龙羊峡以上	龙羊峡—兰州	兰州—河口镇	河口镇—龙门	龙门—三门峡	三门峡—花园口	花园口以下	内流区
情景三	冠层截流	86.7	102.9	126.2	37.2	64.2	106.6	127.3	163.1	25.7
	直接径流	54.3	143.6	117.6	9.6	16.3	27.1	58.8	101.2	7.3
	地下水补给	47.7	49.5	39.1	30.0	32.9	63.5	82.9	69.5	48.8
	土壤水补给	259.9	189.3	196.2	188.7	319.6	345.9	388.5	309.6	189.9

情景一：当全流域减少裸地面积，增加林地面积，而保持草地、农田面积不变时，随着植被盖度的增加，降水的转化结构发生改变，与历史系列年下垫面相比，单位面积冠层截留量增加 2.48%；直接径流量变为 53.2mm，减少 2.98%，土壤水资源的补给量减少 1.4mm，合计为 11.0 亿 m^3。由此可见，尽管增加林地面积，可以达到减缓直接径流形成的目的，但是由于植被生长逐渐旺盛，冠层截留量的增加却使土壤水资源较历史系列年下垫面条件有所减少。

在此情景下，不同水资源二级区冠层截流量的增加量呈现出从上游向下游递减的趋势。这说明在不同区域增加林地面积，对土壤水资源补给量的影响不同，其中在兰州以上区域和内流区的变化最为明显，即当此区域仅增加林地面积调整植被覆盖状况时，将以减少土壤水资源补给量的方式影响区域土壤水资源的形成。

情景二：当全流域增加草地面积，减少裸地面积，而保持林地、农田面积不变时，单位面积冠层截留量增大，较历史系列年下垫面条件增加 2.1%；直接径流量变为 54.1mm，较历史系列年下垫面条件减少 1.3%；土壤水资源补给量变为 257.6mm。结合降水的转化结构可知，单位面积冠层截留量增加、直接径流量和对地下水补给减少，使土壤水资源补给量减少，土壤水资源下降。

不同水资源二级区的变化表现为内流区和花园口以下区域，冠层截留量略有减少，其他各区域均增加。土壤水资源补给量表现为兰州以上区域和内流区呈增加趋势，其他各区域均减少。区域土壤水资源补给量的变化说明：在兰州以上区域和内流区域适当增加草地面积，减少裸土面积可在一定程度上减少由洼地和植被冠层形成的冠层截留量。

情景三：当在全流域根据降水特征适当增加林草地面积，减少裸地面积时，降水的转化结构却发生改变。表现为直接径流量略有减少，冠层截留量增加，土壤水资源的补给量增加。

不同水资源二级区表现为河口镇以上区域、花园口以下区域直接径流量减少，而河口镇—花园口以及内流区增加。对于土壤水资源补给量，除三门峡以下区域略有减少外，其他各区域均呈增加趋势，且以上游的河口镇以上和内流区的增加较为明显。

比较三种情景可知，情景三条件下较情景一、二条件下的土壤水资源补给量增大，冠层截流量减少，直接径流量变化不明显。

比较情景一和情景二土地利用条件下的土壤水资源补给量的变化可知，减少裸地面积，增加植被覆盖度（林地或草地）不利于径流的形成，但林地对直接径流的影响较草地大。对于影响土壤水资源补给占主导作用的冠层截留量而言，区域差异性较大。在河口镇以上区域和内流区域，尽管两种情景形成的直接径流量的变化相反，但是由于草地的冠层截留量小于林地从而使土壤水资源的补给量较大。而在龙门以下区域则由于冠层截留量减少和直接径流降低使该区域土壤水资源表现为林地面积的增加从而有利于增加土壤水资源量。

总之，由以上分析可见，对于不同水资源二级区，尽管在三门峡以上区域增加林地、草地面积均不利于土壤水资源补给量的增加，但是在龙门以上区域、内流区相对于增加林地面积来说，增加草地面积有利于土壤水资源量的补给；对于三门峡以下区域增加林草地均有益于土壤水资源补给量的增加，且林地大于草地，从而使区域内的土壤水资源量大于历史系列年下垫面条件的对应量。

（2）土壤水资源消耗量的变化：不同情景下，植被覆盖度的改变必然使消耗于蒸发蒸腾的土壤水资源量发生变化。

情景一：由表4-20可知，当林地面积增加时，全流域土壤水资源中用于植被蒸腾的数量达到23.64%，土壤蒸发量由历史系列年下垫面条件的81.63%降低到76.36%。其中，林地的蒸腾、蒸发量分别达到216.7亿m^3和235.2亿m^3，分别较历史系列年下垫面条件增加34.1%和26.4%。与降水对土壤水资源补给量的变化相比，在此土地利用条件下降水对土壤水的补给量减少而相应的蒸发蒸腾量却增加，这不利于涵养土壤水资源。

表4-20　情景一不同土地利用情景下土壤水资源的消耗量　（单位：亿m^3）

区域	蒸腾量				蒸发量				
	林地	草地	农田	合计	林地	草地	农田	裸地	合计
全流域	216.7	186.4	85.8	488.9	235.2	345.0	204.7	800.0	1585.0
龙羊峡以上	8.7	16.2	0.4	25.3	26.0	121.1	1.6	80.6	229.3
龙羊峡—兰州	18.1	18.1	3.2	39.4	38.8	67.5	8.9	28.9	144.1
兰州—河口镇	28.8	34.4	16.1	79.3	4.2	41.1	31.5	160.2	237.0
河口镇—龙门	37.3	38.3	6.8	82.3	29.7	22.9	17.1	204.1	273.8
龙门—三门峡	80.4	55.1	36.1	171.5	89.5	62.0	90.4	228.8	470.7

区域	蒸腾量				蒸发量				
	林地	草地	农田	合计	林地	草地	农田	裸地	合计
三门峡—花园口	30.6	11.5	9.1	51.3	37.6	10.6	21.1	41.9	111.2
花园口以下	6.8	3.1	12.4	22.4	8.3	2.4	30.4	12.4	53.6
内流区	5.9	9.7	1.7	17.3	1.0	17.5	3.6	43.0	65.2

从不同水资源二级区的变化也可以发现，尽管增加林地面积减少了裸地的蒸发，但也加速了林地对土壤水资源的消耗。在全流域土壤水资源补给量减少的同时，增大土壤水资源的消耗，必然会破坏土壤水资源的补给消耗关系而导致土壤干化。特别是河口镇—三门峡区域，随着林地面积的增加，林地蒸腾量的增大远大于裸地蒸发量的减少，且相应土壤水资源补给量又呈减少趋势。这必然消耗大量的土壤水资源存蓄量，从而使土壤对生态环境的促进作用受到抑制。更为严重的是土壤水系统与生态系统之间有可能表现为相互抑制。

情景二：由表 4-21 可知，当增加草地面积时，全流域用于蒸腾的土壤水资源达到 22.24%，消耗于裸地的土壤蒸发量减少，其中草地蒸腾量、蒸发量分别为 217.4 亿 m^3 和 428.9 亿 m^3，较历史系列年下垫面条件增加 13.08% 和 29.7%；而与相应条件下降水补给量相比，蒸发蒸腾量增加量仍占优势，但此增加量相对林地较小。

表 4-21　情景二不同植被条件下土壤水资源的消耗量（单位：亿 m^3）

区域	蒸腾量				蒸发量				
	林地	草地	农田	合计	林地	草地	农田	裸地	合计
全流域	155.0	217.4	87.2	459.6	132.8	428.9	207.5	791.5	1610.8
龙羊峡以上	5.4	18.1	0.4	23.9	16.0	133.9	1.6	80.3	231.8
龙羊峡—兰州	14.0	20.3	3.2	37.5	32.1	76.6	8.9	28.2	145.8
兰州—河口镇	14.3	42.0	16.9	73.3	3.2	49.1	32.2	158.6	243.1
河口镇—龙门	26.2	43.6	6.9	76.7	23.1	35.8	17.2	201.8	278.0
龙门—三门峡	63.0	63.5	36.4	163.0	70.3	90.5	91.2	224.8	476.8
三门峡—花园口	26.5	13.6	9.1	49.3	32.9	17.2	21.2	41.2	112.5
花园口以下	4.3	4.2	12.4	20.9	5.1	6.5	31.4	12.0	55.0
内流区	1.2	12.1	1.8	15.1	0.1	19.2	3.8	44.7	67.8

不同水资源二级区表现为：增加草地面积，土壤水资源的蒸腾消耗量大于历史系列年下垫面条件但是小于林地消耗；而裸地及裸间蒸发尽管较历史系列年下

垫面条件有所减少，但是其消耗量仍大于林地消耗。因此，在黄河流域适当增加草地面积对维持土壤水资源的补给和消耗关系有益。但是由于土壤水资源蒸发量中绝大部分为无效消耗量，因此在增加草地覆盖度的同时应重视其无效消耗增加所带来的负面效应。

情景三：与历史系列年下垫面条件相比，全流域土壤水资源的消耗量表现为蒸腾量增加，裸地的无效蒸发量减少。不同水资源二级区也表现出相似的变化，详细结果见表 4-22。

表 4-22 情景三不同植被条件下土壤水资源的消耗量（单位：亿 m³）

区域	蒸腾量				蒸发量				
	林地	草地	农田	合计	林地	草地	农田	裸地	合计
全流域	175.1	205.5	92.6	473.3	198.1	367.6	219.5	910.3	1695.5
龙羊峡以上	6.1	16.7	0.4	23.3	18.2	123.9	1.6	91.8	235.5
龙羊峡—兰州	14.9	18.7	3.2	36.8	33.5	69.0	8.9	36.4	147.9
兰州—河口镇	18.8	40.3	18.1	77.3	3.2	43.5	34.6	182.3	263.7
河口镇—龙门	29.1	40.1	7.0	76.8	24.7	25.0	17.6	218.0	285.3
龙门—三门峡	70.2	60.1	38.2	168.5	77.4	70.0	95.7	261.1	504.2
三门峡—花园口	27.8	12.1	9.3	49.2	34.1	11.9	21.5	47.0	114.5
花园口以下	5.5	3.9	14.2	23.7	6.5	3.7	35.1	17.4	62.7
内流区	2.6	13.0	2.1	17.7	0.4	20.6	4.5	56.2	81.7

总之，比较三种情景下降水的土壤水资源转化率的变化和土壤水资源量的变化可知，适当增加区域植被的覆盖度，减少裸地面积将导致土壤水资源的补给和消耗关系发生改变，进而影响到土壤水资源量的总量。不同区域仅增加林地面积或仅增加草地面积均不利于土壤水资源补给量的增加。要实现涵养土壤水源的作用，应结合区域的降水特点和土地利用的现状采用因地制宜的植被种植结构。同时，结合不同土地利用状况下土壤水资源的消耗情况可知，合理的植被布局，调控土地植被覆盖度，可增加土壤水资源的有效蒸腾，减少裸地的无效蒸发，但要根据区域特点进行合理的植被类型选择和布局。

4.6 本章小结

本章借助"黄河流域水资源演变规律与二元演化模式研究"课题构建的分布式水文模型平台——构建的分布式水文模型（WEP-L），利用 45 年（1956～2000 年）的降水等气象资料，针对历史系列年下垫面条件和土地利用的 3 种情景下垫面对黄河流域土壤水资源数量，消耗结构和消耗效用进行了初步评价。主要结论可概括如下：

1）历史系列年下垫面条件土壤水资源量及其时空变化

45 年气象条件和历史系列垫面条件下，全流域土壤水资源数量相当可观，可达到 2078 亿 m³，占降水总量的 58.4%，是径流性水资源的 3 倍，是降水派生资源中的最大部分。

在空间上，全流域土壤水资源呈从西北向东南递增的趋势，与降水的空间分布基本一致，表现为从上游向下游逐渐增大的变化趋势，具体为：内流区和黄河上游区较少，不足 200mm，之后从河口镇—龙门—花园口区域呈逐渐增加趋势，三门峡—花园口区域达到最大，之后其他区域又略有下降，其中三门峡—花园口区域土壤水资源为 384.8mm。

土壤水资源转化率的空间分布却恰好与此相反，表现为以兰州—河口镇区域为界分别向西北、东南区域递减的变化趋势，其中兰州—河口镇区域转化率最高，而龙羊峡以上区域最低，黄河下游区较低。与土壤水资源的变化相比，全流域基本上呈现出土壤水资源低值区土壤水资源转化率较高，土壤水资源高值区土壤水资源转化率则较低的变化格局。

在时间上，年内黄河流域的土壤水资源的变化规律与降水相似，多年平均逐月土壤水资源表现为四个变化时段，即稳定消退阶段、缓慢增加阶段、快速增长阶段和快速消退阶段。分别发生在 11 月~翌年 2 月，3~5 月，6~8 月和 9~10月。其中，80% 以上集中于汛期，11 月~翌年 2 月，土壤水资源量最小，仅占全年总量的 3.26%。

年际土壤水资源与降水量的演变规律相似，随降水的丰枯变化而波动，全流域土壤水资源在近 45 年呈缓慢的减少趋势，但是其降幅小于相应时段内降水的降幅。特别是在 20 世纪 90 年代，尽管降水量减少，但土壤水资源的转化率却增大，土壤水资源由于土壤调蓄作用使其变差系数小于降水，且 90 年代的变差系数较其他年代小。

造成以上变化的原因在于，流域降水量及土地的覆盖度、植被种类、生长结构等因素的共同影响。表现为降水量适当下降，而土地利用中增加植被的覆盖度，降低流域裸地面积，可增加土壤水资源。但是当冠层增大，相应截流量增大，相应的土壤水资源略有减小。

2）历史系列年下垫面条件土壤水资源的消耗结构和消耗效率

由于土地利用格局的不同，流域土壤水资源的消耗结构和消耗效率相差较大。在消耗结构方面集中地表现为：全流域 2078 亿 m³ 土壤水资源中，植被蒸腾的消耗量占 18.4%，为 382 亿 m³，棵间和裸地的土壤蒸发消耗量占 81.6%，为 1696 亿 m³。按有效性准则计算得，有效消耗量为 920 亿 m³，其中高效消耗占 41.49%，低效消耗占 58.51%，无效消耗量为 1158.48 亿 m³。

对于林地、草地、灌溉农田和非灌溉农田中土壤水资源的有效消耗量分别为 308.2 亿 m³、338.5 亿 m³、70.7 亿 m³ 和 202.7 亿 m³，其中低效消耗量分别为总有效消耗量的 49.7%、50.1%、78.4% 和 78.8%。林地、草地以及裸地的无效消耗量分别为 31.6 亿 m³、179.6 亿 m³ 和 947.1 亿 m³，其中林地和草地的无效消耗量分别占相应土地利用情况下消耗量的 9.3% 和 34.7%。

不同水资源二级区土壤水资源的消耗利用效率相差较大，但整体上无效消耗量最大，且裸地占绝对大比重，低效消耗量次之，高效蒸腾消耗量最小。

由土壤水资源的数量、降水转化为土壤水资源转化率的变化说明土壤水资源在流域水资源中占有重要的地位，重视土壤水资源的利用有其重要意义。特别对于降水量较少、转化率较大的缺水地区，加强土壤水资源的合理利用更加重要。

3) 不同情景下土壤水资源的动态转化结构

针对黄河流域历史系列年下垫面条件设置了三种土地利用情景。分别对降水的转化结构、土壤水资源的补给量、土壤水资源的蒸发量进行分析。结果表明在黄河流域增加植被覆盖度，减少裸地面积有利于土壤水资源的补给和消耗效率的改善。

情景一：当在全流域土地利用中扩大林地覆盖度，减少裸地面积时，流域多年平均土壤水资源为 2074 亿 m³，较历史系列年下垫面条件减少近 4 亿 m³；但土壤水资源占降水比例与历史系列年下垫面条件相差不明显，维持在 58.2%。

对于消耗结构，植被蒸腾量占土壤水资源量的 23.6%，土壤蒸发量为 76.4%；其中林地的蒸腾、蒸发量分别达到 216.7 亿 m³ 和 235.2 亿 m³，分别较历史系列年下垫面条件增加 34.1% 和 26.4%。

情景二：当流域土地利用中扩大草地覆盖度，减少裸地面积时，全流域土壤水资源为 2070 亿 m³，较历史下垫面条件减少 7.6 亿 m³。全流域土壤水资源占降水的比例较历史系列年下垫面情况略有减少，为 58.1%。

对于消耗结构，全流域用于蒸腾的土壤水资源达到 22.2%，消耗于裸地的土壤蒸发量减少，其中草地蒸腾、蒸发量分别为 217.4 亿 m³ 和 428.9 亿 m³，较历史系列年下垫面条件增加 13.0% 和 29.7%。而与相应条件下降水补给量相比，蒸发蒸腾量增加量仍占优势，但此增加量相对林地较小。

情景三：当结合流域降水特征，流域不同地区适当增加林地和草地面积，减少裸地面积时，全流域年均土壤水资源达到 2169 亿 m³，占降水比例为 60.9%，较历史系列年下垫面情况增加了 4.4%。

对于消耗结构，与历史系列年下垫面相比，全流域土壤水资源的消耗量表现为：蒸腾量增加，裸地的无效蒸发量减少。

总之，黄河流域土壤水资源数量可观，但利用效率较低，且由于土地利用的变化，土壤水资源的利用效率差异较大。按照水资源需求在于消耗的本质，加强土壤水资源利用必须重视其蒸发蒸腾量（ET）的调控和管理。在调控土壤水资源的蒸发蒸腾的效用中，应以增加高效消耗、减少低效和无效消耗为基本原则，首先增加植被的盖度，减少裸地面积，从而减少土壤水资源的无效蒸发量；其次，应调整植被的结构，以减少植被棵间的低效消耗量。

在具体的调控过程中，应紧密结合不同区域的气候特点，因地制宜地加以调控。即在黄河上、中游区域，要以增加土地的覆盖，减少裸地面积，减少区域的无效消耗量为主；对于下游区则应以调整种植结构，减少棵间的低效消耗为主，特别是要重视农田和草地棵间蒸发消耗。

第5章 海河流域土壤水资源及其消耗效率评价

本章内容是国家重点基础研究发展规划（973计划）"海河流域水循环演变机理与水资源高效利用"项目相关研究成果的补充和完善。具体是针对海河流域"自然—社会"二元水循环过程中水循环要素的演变及其造成的水资源问题，要全面解决水资源短缺及相关的问题迫切需要开展更深层次的水资源需求管理等现实需求，鉴于土壤水资源的消耗在流域水分消耗中占有极大的比重，土壤水资源消耗直接关系流域水资源的合理使用，将成为未来水资源管理的重要组成部分，书中借助项目开发的海河流域综合模拟平台（NADUWA3E）中水循环模型WEPLAR为基本工具，通过对流域水循环全过程的精细模拟，详细分析非径流性土壤水资源的数量和消耗结构、消耗效率，为缓解流域径流性水资源短缺、合理利用非径流性水资源提供借鉴。

5.1 海河流域概况及其水循环要素的演变

5.1.1 海河流域概况

海河流域位于中国的东部，位于112°E～120°E，35°N～43°N，东临渤海，西依太行山，南界黄河，北界蒙古高原，包括北京、天津、河北等8个省（自治区、直辖市），总面积为32万km²，占全国陆域总面积的3.3%。其中，流域山丘区面积为18.9万km²，占流域总面积的59%，平原区面积为13.1万km²，占41%，是我国政治文化的中心和经济发达地区。全流域总的地势是西北高东南低，大致分高原、山地及平原三种地貌类型，即西部为山西高原和太行山区，北部为蒙古高原和燕山山区，东部和东南部为平原。具体的地理位置和区域概况如图5-1所示。

流域属于温带东亚季风气候区，四季分明。冬季受西伯利亚大陆性气团控制，寒冷少雪；春季受蒙古大陆性气团影响，气温回升快，风速大，气候干燥，蒸发量大，易形成干旱天气；夏季受海洋性气团影响，比较湿润，气温高，降雨量多，且多暴雨，但因历年夏季太平洋副热带高压的进退时间、强度、影响范围等很不一致，致使降水与蒸发蒸腾的年际、年内变化较大。在以上四季分明的气候背景下，流域水分收支与驱动要素——降水、蒸发、日照时数以及太阳辐射等气象因素的年际间变化明显，造成流域水分收支不平衡，旱涝频发，水资源问题突出。

降水量：时空变化较大。在时间上，全流域在1956～2005年平均降水量为530mm，但整体呈下降趋势。由图5-2可知，与1956～2000年平均降水相比，1980～2000年减少了5.5%，2000～2005年减少了8.5%。与此同时，全年降水量也呈

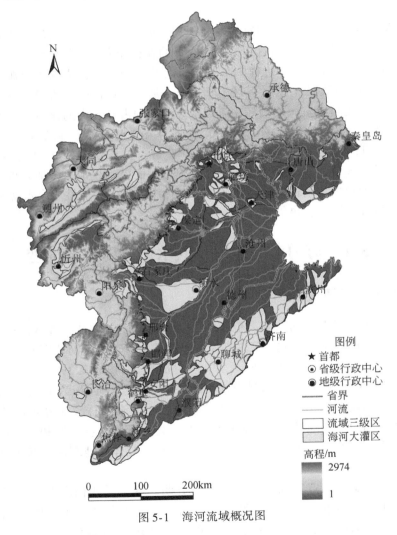

图 5-1　海河流域概况图

现出约有68%主要分布在夏季（6～8月）的年内变化特点。另外，流域内降水空间分布极不均匀，约有70%分布在平原区。流域降水具体的时空变化如图5-3

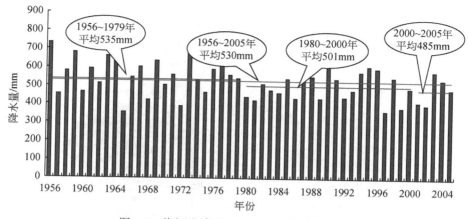

图 5-2　海河流域 1956～2005 年年降水量图

和图 5-4 所示。

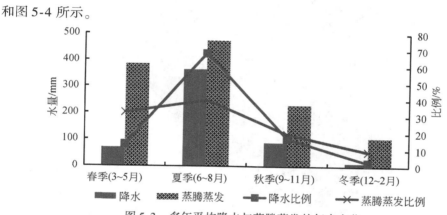

图 5-3　多年平均降水与蒸腾蒸发的年内变化

蒸腾蒸发量：由于水循环的主要驱动因素——温度（1956～2005 年平均维持在 10.0℃左右，且整体呈现上升趋势）的驱动下，流域蒸腾蒸发量的时间变化明显。对于潜在蒸腾蒸发量，由图 5-5 可知，在近 50 年，全流域总体呈下降趋势，多年平均值为 1195.22mm，且主要集中于四月中旬到八月上旬，累计达736.32 mm，占全年总潜在蒸腾蒸发量的 61.6%（图 5-3）。在空间上呈现由南向北逐渐增加的演变趋势。对于陆面蒸腾蒸发量，由图 5-6 可知，全流域近 50 年平均为 470mm，且主要集中于汛期，主要分布于平原区的时空变化特征。

由降水为输入、蒸腾蒸发为最终输出的水循环演变特性，造成了流域水分收支关系严重失衡（图 5-2），也构成了海河流域半湿润半干旱的气候特点，成为近年来流域水资源短缺的主要自然因素。

又因流域地处经济发达地区，且是我国政治文化的中心区。据统计，到 2010

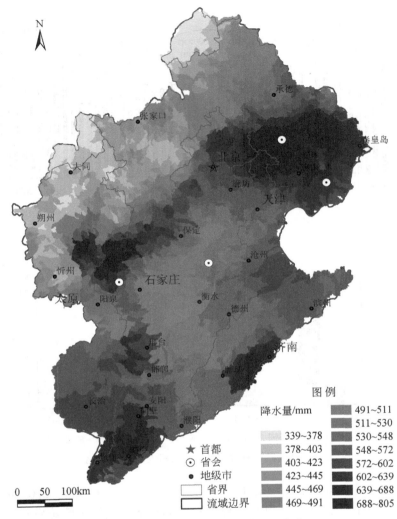

图 5-4 海河流域多年平均降水量分布

年全流域总人口数为 1.46 亿，占全国总人口的近 10.9%，GDP 达到 55 792 亿元，占全国的 12.7%。同时，流域内土地光热资源丰富，适于农作物生长，是我国重要的商品粮生产基地之一。到 2010 年，全流域拥有耕地面积为 1074 亿 m²，仅占全国耕地面积的 8.6%；粮食总产量却达到 5438 万 t，占全国的 9.6%。

在自然和高强度人类活动的影响下，海河流域是我国十大流域片中水资源最为匮乏的地区，是我国东部沿海降水量最少的地区。据统计，全流域多年平均水资源总量为 370 亿 m³（其中地表水资源量为 216 亿 m³，不重复的地下水资源量为 154

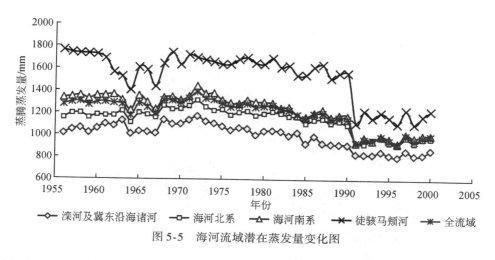

图 5-5　海河流域潜在蒸发量变化图

亿 m³），人均水资源量仅为 202m³，为全国平均水平的 13%，为世界平均水平的 1/24，远低于国际公认的人均 1000m³ 缺水标准和人均 500m³ 的极度紧缺标准。耕地亩均水资源占有量仅为 213m³，不足全国平均亩均水资源量的 12%（于伟东，2008）。然而，在全球气候变化和人类活动的影响下，水资源整体在衰减，而经济发展对水的需求增加，到 2005 年流域水资源开发利用率超过 120%（我国十大流域片水资源的开发利用率如图 5-7 所示），已远远超过国际公认的 40% 的水资源可利用警戒线。预计到 2030 年流域内水资源匮缺量也将达到 167 亿 m³。海河流域以不足全国 1.3% 的水资源量，承担着 11% 的耕地面积和 10% 人口的用水任务，供需严重失衡，水资源短缺日益严峻，并引发了一系列生态环境问题。

据统计，到目前白洋淀、七里海等海河流域 12 个主要湿地总面积较 20 世纪 50 年代减少了 5/6（韩鹏，2008）；为弥补水资源的不足，地下水长期超采，全流域累积超采量在 1000 亿 m³ 以上，占全国超采总量的 2/3，超采造成的地下水漏斗呈集中连片的趋势（王志民，2002），漏斗中心最大埋深已达到 105m；入海水量由 20 世纪 50 年代的 207 亿 m³ 锐减到 21 世纪初的 17 亿 m³。此外，水污染严重，目前全流域污染河长达 7057.0km，占评价河长的 59.8%，其中严重污染河长占评价河长的 53.6%（海河水利委员会，2005）。2005 年排入河口近海地区的废污水量约为 5 亿 t，约占流域排放废污水总量的 10%。

与此同时，在全球气候变化的影响下，流域内干旱、洪涝频繁。在近 50 年中，海河流域出现了 1951～1952 年、1980～1981 年、1992～1993 年，以及 1997～2003 年 4 次连续枯水年。全流域受旱面积整体呈增加趋势，居各流域之首。20 世纪 90 年代后期至 21 世纪初期，海河流域出现了罕见的连年大范围干旱。全流域年均旱灾面积达 216 万 hm²，占耕地面积的 35.3%，年均减产粮食达 33.2 亿 kg，年均农

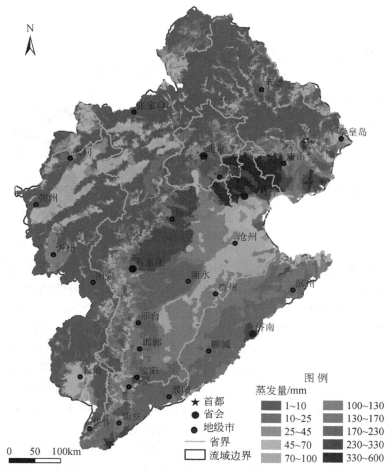

图 5-6 海河流域多年平均蒸发量分布

业直接损失 43.2 亿元，工业损失 200 多亿元，大大超过过去的旱灾损失。

总之，地处东部沿海的海河流域，尽管与其他北方流域相比，具有较好的地理位置和气候特点，但是在自然和人类活动的共同作用下，流域水循环发生了深刻变化，水资源短缺及与此相伴的生态环境问题严重。面对如此严峻的现实，在揭示流域二元水循环演变特性的基础上，立足于水循环全过程，加强一切可利用水资源的合理利用成为全面解决流域水问题的重要途径。

5.1.2 海河流域二元水循环要素演变

海河流域地处温带半湿润、半干旱大陆季风气候区，处于气候变化的敏感区，同时又是我国政治、文化的中心区域，处于国家经济发展第三极（http://

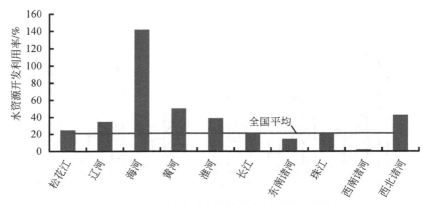

图 5-7　2005 年全国各流域水资源开发利用率

house. focus. cn/news/2009-10-04/768374. html)。海河流域水循环承受着自然变化和高强度人类活动的双重作用，呈现出明显的"自然—社会"二元特性。

在自然因素方面，由于全球气候变化，流域内水循环的外在驱动条件发生改变，使得本已较少且时空分布极不均匀的降水呈现下降趋势（图 5-8）。据统计，全流域 1956～2000 年 45 年平均降水量由前 24 年（1956～1979 年）的 559.8mm减小到后 21 年（1980～2000 年）的 501.3mm，减少了 10.4%。多年平均水面蒸发量为 850～1300mm（E601 蒸发皿），通过气象资料计算的多年平均潜在蒸发蒸腾量为 1195mm，且平原大于山区。流域干旱指数介于 1.5～3.0。加上人类活动对下垫面的影响，流域水资源量、地表径流量、入海水量的变化更大，分别减少了 24.8%、40.8% 和 74%。2001～2010 年近 10 年间，由于降水量增加，生态环境治理和保护措施的实施，较 20 世纪 90 年代水资源量、入海水量均有所增加，变化更加明显。全流域各时段降水、水资源及入海水量及其变化详见表 5-1 和图 5-8。

表 5-1　不同时段海河流域水资源变化状况

时段	降水 /mm	降水量 /亿 m³	水资源量 /亿 m³	地表径流量 /亿 m³	入海水量 /亿 m³
20 世纪 50 年代	582	1866	483	301	207
20 世纪 60 年代	564	1808	413	250	161
20 世纪 70 年代	543	1741	384	226	110
20 世纪 80 年代	504	1616	307	162	27
20 世纪 90 年代	504	1616	333	183	55
2000～2010 年	491	1574	260	113	24

在社会因素方面，由于大规模的人类活动，由供—用—耗—排以及回用等环

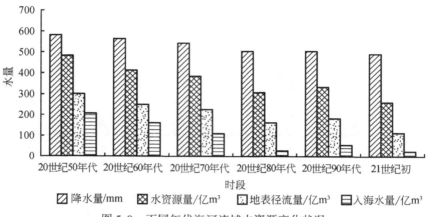

图 5-8 不同年代海河流域水资源变化状况

节构成的社会水循环系统日益复杂，集中体现在循环通量、循环结构和循环路径的变化上。据统计，近 26 年，社会水循环通量整体呈增加趋势，且与之相伴的循环结构随着供用水结构的变化而变化。在供水方面表现为地表水减少、地下水增加，外调水和非常规水增加的演变趋势；在用水方面表现为生活、工业用水量增加，农田灌溉用水量减少的变化格局。全流域不同年份的供水水源、水量及其结构均发生着明显的变化。

在供水方面，由表 5-2 可知，2010 年全流域总供水量为 368.3 亿 m³（包含流域外引水量），其中地表水供水量为 122.5 亿 m³，地下水供水量为 236.2 亿 m³。与 1980 年相比，在总供水量减少的情况下，地表水供水量减少了 68.5 亿 m³，地下水供水量则增加了 31.2 亿 m³。

表 5-2 海河流域供水变化 （单位：亿 m³）

供水水源	1980 年	1985 年	1990 年	1995 年	2000 年	2005 年	2010 年
地表供水	191	137	146	156	135.9	122.6	122.5
地下供水	205	204	220	234	262.6	252.9	236.2
总供水量	396	344	369	395	399.5	379.1	368.3

数据来源：《海河流域水资源综合规划》、1995 年中国水资源公报、2000 年中国水资源公报、2005 年中国水资源公报、2010 年中国水资源公报

在用水方面，由表 5-3 可知，2010 年全流域总用水量为 368.3 亿 m³，其中农业用水量为 247.6 亿 m³（包括农业灌溉 229.6 亿 m³ 和林牧渔业 18 亿 m³），工业用水量为 50.8 亿 m³，城镇生活用水量为 35.02 亿 m³，农村生活用水为 24 亿 m³。与历史各年代相比，尽管农田灌溉用水量仍占总用水量的 62%，但其相应

的水量却呈现出明显地减少趋势，较 2000 年减少约 36.3 亿 m³。全流域不同年份的供用水及其结构的变化见表 5-3 和图 5-9。

表 5-3　海河流域不同年代的用水结构的变化 （单位：亿 m³）

用水部门	1980 年	1985 年	1990 年	1995 年	2000 年	2005 年	2010 年
城镇生活用水	10	14	20	24	29	31	35
农村生活用水	14	14	17	19	23	24	24
工业用水	46	53	54	63	66	55	51
农业灌溉用水	319	254	268	274	266	244	230
林牧渔业用水	8	9	10	15	15	20	18
总用水量	397	344	369	395	399	379	358

数据来源：《海河流域水资源综合规划》，1995 年、2000 年、2005 年、2010 年中国水资源公报，2000 年之后的总用水量中包括了极少部分生态环境用水

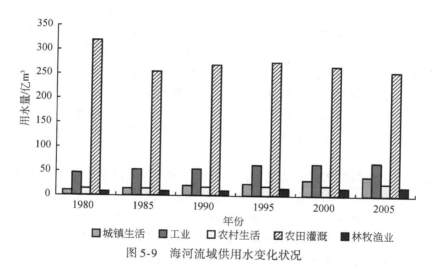

图 5-9　海河流域供用水变化状况

在耗水方面，全流域总耗水量整体呈减少趋势，在近 10 年减少了 16 亿 m³，但耗水率变化并不明显。而且随着城市化和工农业的发展，不同产业的耗水量变化不同，以农业灌溉用水消耗量减少最为明显，近 10 年减少了近 24 亿 m³。全流域不同年份的用水消耗结构见表 5-4。与此同时，存在于土壤包气带内的土壤水被大量无效消耗。据相关报道，全流域陆域每年无效潜水蒸发消耗的水量达到 80 亿 m³。

表 5-4　海河流域不同年份的用水消耗结构的变化

耗水部门	1995 年	1998 年	2000 年	2005 年	2010 年
城镇生活耗水/亿 m³	9.06	10.0	12.27	11.12	11.2
农村生活耗水/亿 m³	18.5	18.6	18.79	18.94	18.6
工业耗水/亿 m³	23.3	21.0	28.12	27.15	25.3
农业灌溉耗水/亿 m³	210.96	215.6	200.25	188.07	176.5
林牧渔业耗水/亿 m³	10.82	11.2	11.85	16.69	15.3
总耗水量/亿 m³	272.64	276.4	271.28	261.97	246.9
总耗水率/%	69.02	66	68.1	70.2	69

注：总耗水率为总耗水量与总用水量的比

数据来源：中国水资源公报

　　总之，在以上自然和社会因素的共同作用下，水循环发生了极大的变化。一方面，自然、社会水循环的单环节在高强度人类活动的影响下在循环环节和循环路径方面发生了较大的改变；另一方面，自然、社会水循环相互影响相互制约的作用关系更加深入。而在此过程中，降水的补给和蒸发蒸腾的消耗成为水循环过程中的起始点和终止点，直接决定着区域水资源的补给和消耗关系，也影响着流域水资源、生态和水环境的和谐发展。而耗水作为水资源的真实需求量，发生于水循环的各个过程。因此，立足于"自然—社会"二元水循环过程，合理利用有限的水资源，充分利用好每一点水资源，将有利于从根本上解决海河流域水资源短缺的问题。

　　鉴于海河流域的水资源状况，且分布有我国重要的粮食主产区，农业作为用水大户将长期存在。而在农业生产中一切形式的水均需通过农业水循环系统转化为土壤水才能被利用，土壤水资源是农业生产最直接的水分源泉，而且土壤水最终均以蒸发蒸腾的形式散失。因此，明确流域的土壤水资源数量及其消耗结构和消耗效率，对提高水资源的利用效率，全面开展更深层的水资源需求——耗水管理具有重要的作用。

　　为此，本次研究以综合模型平台（NADUW3E）中的水循环模型 WEPLAR 模型为工具，分别针对 1956～2005 年 50 年水文气象系列和 1980～2005 年 26 年水文气象系列，历史系列年下垫面，在对全流域不考虑人工取用水过程（以避免地表水与土壤水之间的重复计算）高强度人类活动水循环过程全面精细模拟后，综合评价流域土壤水资源数量，并基于土地利用结构分析土壤水资源消耗结构和消耗效率。

5.2　海河流域模型工具 WEPLAR 及模拟过程的简要概述

5.2.1　WEPLAR 模型概况

WEPLAR（water and energy transfer process in large basins with reservoir）模型，是以 WEP-L 模型为基础，充分考虑海河流域高强度人类活动形成的人工河道、水库、平原水库等复杂的社会水循环特点，在自然水循环模拟（见第 3 章）的基础上，综合考虑了社会水循环过程中蓄-引-提水工程对水循环的直接影响，构建的包括水库以及人工河道水循环过程模拟的典型"自然—社会"二元分布式水循环模型。该模型能够较为全面地模拟具有极其显著"自然—社会"二元水循环特性的海河流域的水循环动态过程，较为详细地模拟在"自然—社会"二元水循环共同作用下地表水、土壤水、地下水和河道及人工水循环系统中的运动过程，这不仅增加了模型对自然水循环的模拟精度，而且也提高了对社会水循环过程的认知。

该模型的基本结构见第 3 章，在垂直方向上，将坡面分为 9 层，分别为植被或建筑物截留层、地表洼地储留层、土壤表层（3 层）、过渡层、浅层地下水层、难透水层和承压水层。在平面结构上，采用子流域内等高带，并为考虑计算单元内土地利用的不均匀性，采用"马赛克"法，将土地利用归纳为裸土-植被域、灌溉农田、非灌溉农田、水域和不透水域 5 大类。

1）天然子流域单元

天然子流域单元的划分是以流域数字高程模型和天然河网水系为依据进行流域数字河网水系的提取和相应产汇流分区生成的。以 1:25 万水平分辨率全球陆地数字高程模型和相应的河网水系为基础提取海河流域数字河网水系，同时参考国家测绘局 1:400 万水系图，结合流域 43 个入海口，依据 Pfafstetter 流域编码规则进行划分的。按照以上原则将整个海河流域划分为 3067 个天然子流域单元，每个子流域平均面积约为 104.1 km²，如图 5-10（a）所示。

2）等高带

由于海河流域的山区占流域面积的一半以上，其水循环过程对流域产汇流影响较大，为较好地实现山区水循环过程模拟，将各子流域依据地表高程进一步划分若干个等高带，以等高带为基本计算单元。全流域共计 11752 个子流域，共划分为 10 154 个等高带，平均单个等高带面积约为 16.9 km²。流域平原区面积为 14.7 万 km²，共 1598 个子流域。流域等高带分布如图 5-10（b）所示。

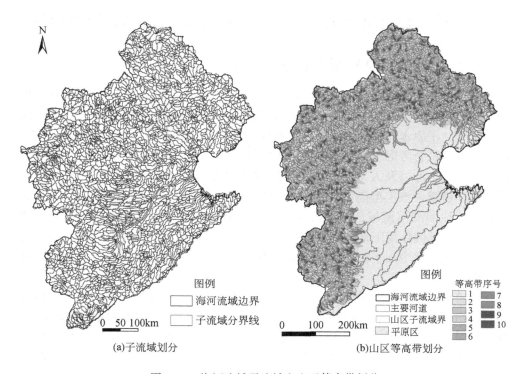

图 5-10　海河流域子流域和山区等高带划分

5.2.2　基础数据准备与处理

基础数据是流域二元水循环模拟赖以存在的基础，也是精确模拟水循环过程的基础。概括而言主要包括基础图形数据、监测数据、经济社会发展和用耗水调查数据等几个类型。

1）基础图形数据

与模型模拟直接相关的基础图形数据包括：数字高程模型（1km、30m 等分辨率，可由互联网上下载，网址是 http：//edcdaac. usgs. gov/gtopo30/gtopo30. asp）；水文地质图；土壤分布图；4 期 1∶100 000 土地利用图（分别为1985 年、1995 年、2000 年以及 2005 年 4 个时段）；河网水系信息；植被覆盖信息以及相应的水利工程信息。

2）监测数据

监测数据包括水文气象资料和遥感监测蒸发蒸腾成果资料。

（1）水文气象资料，主要包括降水资料、径流资料、土壤墒情资料、蒸发量资料、地下水信息、其他气象资料。

降水资料：主要包括全国气象站/雨量站观测信息，即 1956～2005 年 50 年系列 1765 个雨量站点和 287 个气象站逐日降水信息。

径流资料：主要为经过整理的全流域 1956～2005 年系列 356 个典型水文断面把口站逐日的流量资料。

土壤墒情资料：主要为流域内 368 个土壤墒情站的监测资料。

蒸发量资料：包括全流域 1956～2005 年 244 个气象站蒸发皿监测的蒸发资料。

地下水信息：收集整理了全流域 1960 个地下水位监测井资料。

其他气象资料：包括 1956～2000 年 7 大气象因子逐日气象要素信息，主要为气温、水汽压、相对湿度、风速、日照时数、太阳辐射、降水。

社会侧支水循环中包括取水—输水—用水—排水过程中的水通量信息。

（2）遥感监测蒸发蒸腾（ET）及土壤含水量等成果资料，主要来自海河流域 GEF 项目 ET 中心。具体数据主要包括遥感监测 ET 成果资料、遥感反演的土壤含水量、遥感土地利用图。

遥感监测 ET 成果资料：遥感监测 ET 成果资料主要包括通过 ETWATCH 反演生产的 2002～2006 年全流域空间分辨率为 1km，时间间隔分别为两周、月和年的 ET 分布图，以及典型地区空间分辨率为 30m 的 ET 数据。

遥感反演的土壤含水量：2002～2006 年全流域空间分辨率为 1km，时间间隔分别为两周、月和年的土壤含水量数据。

遥感土地利用图：主要包括全流域 2004 年和 2006 年空间分辨率为 250m 的土地利用图，重点区域空间分辨率为 30m 的土地利用图。

3）经济社会发展和用耗水调查数据

经济社会指标主要包括：人口、GDP、城镇化率、工农业发展指标等。

用耗水数据方面主要包括：水资源可利用量、地下水可利用量、总用水量、生产、生活、生态环境用水量；水利用系数、工业用水重复利用率、城市管网漏失率等相关信息。

详细的数据信息情况见表 5-5。

表 5-5　基础数据准备与处理

编号	项目	数据内容
基础图形数据及相关信息	地形	DEM 数字高程信息
	地质	水文地质参数、岩性分布以及含水层厚度（中国水文地质分布图）
	土壤类型	《中国土壤分类图》，全国第二次土壤普查资料
	土地利用	1∶10 万土地利用图（1986 年、1996 年和 2000 年三个时段）；TM 影像土地利用信息；历史统计的 20 世纪 50 年代、60 年代和 70 年代土地利用信息
	河网水系	水资源及河流形态信息、水利工程以及实测河网信息，河道断面信息
	植被覆盖度信息	逐月植被指数、植被覆盖度、叶面积指数、作物播种面积
	NOAA 遥感影像	逐月 NOAA 遥感影像
	GMS 遥感影像	逐日 GMS 遥感影像
气象水文	日降水	水文站逐日降水信息
	小时降水	水文站逐日小时降水信息
	风速	气象站逐日风速资料
	气温	气象站逐日气温资料
	日照	气象站逐日日照资料
	湿度	气象站逐日湿度资料
	土壤墒情	监测站墒情监测信息
	蒸发量	蒸发皿监测资料
遥感信息	蒸发蒸腾量	蒸发蒸腾遥感反演信息
	土壤含水量	土壤含水量遥感反演信息
社会经济及取用水信息	GDP	典型年的 GDP 数据
	人口	典型年的人口数据
	供用水信息	收集 1980 年、1985 年、1990 年、1995 年、2000 年以及 2001～2005 年典型年份地表水、地下水供水量信息以及不同行业用水量、耗水量、排水信息
	区域典型引用水过程	逐月引用水量统计
	种植结构	统计年鉴海河流域各种作物播种面积

　　在以上基础数据资料的支撑下，按照二元水循环模型模拟的需求，通过空间展布和数据同化等技术实现最后的模型支撑。

5.2.3　模型的模拟

　　对以上数据进行空间展布和土地利用的面积加权等基础数据处理后可进行模型模拟。在具体模拟过程中，对 1956～2005 年共 50 年历史水文气象系列及相应下垫面条件进行连续模拟计算。为进行模型校验，取 1956～1979 年为模型参数的率定期，1980～2005 年为模型的校正期。在模型参数的校正中，通过对模型系统参数灵敏度分析后，选择敏感度高的参数开展了模型参数的率定和模型的校验。本书主要校验的参数包括以下三个方面。

（1）气象要素方面：包括降水和气温。

（2）水循环方面：包括河道径流量、蒸发蒸腾量、水库蓄变量和地下水位变化。

（3）水生态方面：包括粮食单产、叶面积指数以及净初级生产力（NPP）。

校验的基本原则：气象要素的模拟结果与站点实测数据对比，相对误差尽可能小；模拟蒸发蒸腾与遥感反演 ET 的空间分布趋势一致，相对差异较小；在水循环过程中，以模拟期年均径流量误差尽可能小和 Nash 系数尽可能大，以及模拟流量与观测流量的相关系数尽可能大。

表 5-6 和图 5-11 列出了主要断面径流量和典型年份陆面蒸发蒸腾量的校验结果。由表 5-6 可知，各水文站模拟与实测径流量的 Nash 系数在 0.6 以上，相关系数在 0.8 以上。

表5-6　径流量验证结果

水文站	韩家营	承德	滦县	戴营	密云水库	观台	黄壁庄
相对误差/%	0.30	−5.80	−1.30	−4.00	11.80	3.60	−5.90
Nash 系数	0.7	0.72	0.6	0.65	0.79	0.81	0.68
相关系数	0.85	0.85	0.86	0.81	0.89	0.93	0.83

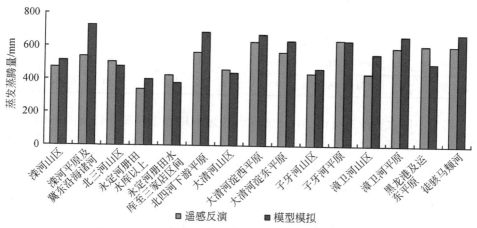

图 5-11　2005 年模型模拟的 ET 成果与遥感反演 ET 值

同时，为更好地指导实际，模型对 2002～2005 年全流域一级区和三级区的年、月尺度蒸发蒸腾，对 2002～2005 年蒸发蒸腾的模拟成果与遥感模型反演蒸发蒸腾值进行对比，全流域演变趋势基本吻合，4 年平均相差 5.5%。

以上有关模型的结构、基本计算单元的划分、参数率定和模型的校验等详细介绍见《海河流域二元水循环及其伴生过程的综合模拟》（贾仰文，等，2011）。

5.3　50 年气象系列历史下垫面海河流域土壤水资源量

5.3.1　土壤水资源总量

由 1956～2005 年气象系列，分离人工取用水历史系列年下垫面条件的模拟结果（表 5-7）可知，全流域多年平均条件下土壤水资源为 312.7 mm，合计水量为 998 亿 m³，占全流域降水量的 58.70%，是流域径流量的 2.96 倍。在空间上，全球土壤水资源的整体变化与降水基本一致，呈现以海河北系为界，分别向上游和下游递增，且下游单位面积的土壤水资源量均大于上游。

表 5-7　历史下垫面海河流域多年平均土壤水资源量

区域	面积 /km²	降水		河川径流量		土壤水资源量		土壤水资源量/降水量/%	土壤水资源量/河川径流量
		降水深 /mm	降水量 /亿 m³	径流量 /mm	径流量 /亿 m³	水深 /mm	水资源量 /亿 m³		
全流域	31.92	532.6	1700	105.9	338	312.7	998	58.70	2.96
滦河及冀东沿海诸河	5.44	547.0	298	106.6	58	328.7	179	60.09	3.08
海河北系	8.29	485.5	403	83.2	69	236.7	196	48.74	2.84
海河南系	14.88	546.6	813	124.1	185	337.8	503	61.80	2.72
徒骇马颊河	3.31	562.3	186	78.8	26	361.8	120	64.34	4.59

对于不同水资源二级区，由于降水与土地利用和土壤理化性质的不同，区域间差异明显。其中以海河北系最小，为 236.7mm，合计水量为 196 亿 m³，以徒骇马颊河最大，为 361.8mm，合计水量为 120 亿 m³。

就降水转化为土壤水资源的转化率而言，在全流域二级水资源区中，除海河北系为 48.74%，其他各区域均达到 60% 以上；各区域土壤水资源量均为径流量的 2 倍以上，且尤以徒骇马颊河和滦河及冀东沿海诸河最大，分别达到径流量的 4.59 倍和 3.08 倍。

图 5-12 描绘了海河全流域"四水"转化过程中各水循环要素占降水的比例

关系，直观地体现出土壤水资源在区域水资源中占有绝对大的比重。这也进一步说明，土壤水资源是全流域降水的主要赋存形式。因此，面对海河流域传统径流性水资源短缺情势日益严峻的现实，若能加强对土壤水资源的合理利用，对缓解水资源短缺具有重要的现实意义。

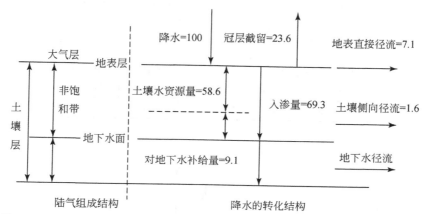

图 5-12　"四水"转化过程中海河流域土壤水资源及其他水量占降水的比例关系

5.3.2　土壤水资源量的演化特征

土壤水资源的形成受到众多因素的影响，特别是降水、土地利用等因素的变化对其影响尤为明显。因此，随着流域年内和年际降水以及下垫面变化，流域土壤水资源的形成和转化呈现明显的时空演化特征。

1）年内变化

由表 5-8 和图 5-13 可知，在多年平均条件下，年内全流域土壤水资源的变化与降水相似，集中地体现为：年初和年末较小，汛期（6～9 月）最大，汛期和非汛期为 60% 以上和不足 40% 的分配关系。在空间，由于不同区域土地利用和气候差异，土壤水资源的年内变化明显，集中地呈现出由北向南逐渐分散分布的变化特征。

对于不同水资源二级区，各区域汛期土壤水资源量均占全年总量的 60% 以上，且主要分布在 6～8 月。在非汛期，各区域土壤水资源占有量从北向南逐渐增加，且每年的前半年（1～5 月）以海河南系和徒骇马颊河流域的占有量最大，将近全年土壤水资源量的 40%。

表5-8 多年平均土壤水资源量的年内分配　　　　（单位:%）

区域	1月	2月	3月	4月	5月	6月	7月	8月	9月	10月	11月	12月	全年土壤水资源量/mm
全流域	0.08	0.69	4.57	9.69	11.26	14.36	18.70	19.00	13.62	5.70	1.99	0.32	312.5
滦河及冀东沿海诸河	0.01	0.19	3.79	9.95	13.77	15.89	18.23	17.06	13.36	6.30	1.39	0.07	328.7
海河北系	0.00	0.22	3.22	9.06	13.58	14.59	19.38	19.74	13.26	5.66	1.25	0.05	236.7
海河南系	0.12	0.88	4.97	9.53	13.70	13.30	17.51	18.36	13.27	5.73	2.22	0.41	337.8
徒骇马颊河	0.14	1.13	5.31	8.79	13.76	12.84	18.12	19.21	12.53	5.19	2.42	0.57	361.8

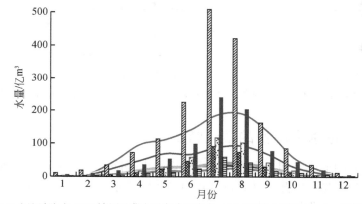

图5-13　海河流域不同区域降水与土壤水资源的年内变化关系

结合图5-14区域土壤水资源的年内分配及其动态转化的补给和消耗关系,可将年内土壤水资源的演变大致概括为四个阶段。

第一阶段:土壤水资源量稳定消退的阶段。此阶段从11月~翌年2月。该时段内的土壤水资源量最小。原因在于,时段内由于流域降水较少,补给土壤水库的量基本为0,而消耗却并未停止。因而,土壤水库中的蓄水量整体呈下降趋势,由土壤水库中土壤水分蓄存量为主构成的内土壤水资源呈相对稳定的逐渐减少趋势。

第二阶段:土壤水资源量缓慢增加的阶段。此阶段集中于3~5月。该时段由于区域降水逐渐增加,补给土壤水库的水量也呈现增加趋势,在土壤水库蓄存量与入渗补给的共同作用下,土壤水资源整体呈增加趋势。与此同时,由于气温

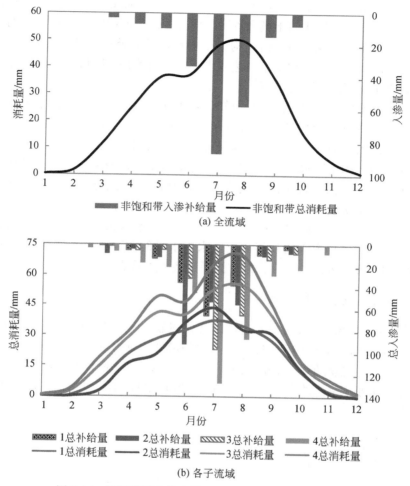

图 5-14　海河流域非饱和带总补给与总消耗的年内变化

注：（b）中 1～4 分别表示滦河及冀东沿海诸河、海河北系、海河南系和徒骇马颊河

回升，土壤水资源的总消耗增加，从消耗侧也表现出增加趋势。因此，该时段内土壤水资源量处于缓慢增加的阶段。

　　第三阶段：土壤水资源量快速上涨阶段。此时段主要集中于 6～8 月。在此期间，在补给侧，由于流域降水量快速增加，土壤水库的入渗补给量也随之增大；在消耗侧，由于温度的上升，区域的蒸发蒸腾量增加。从补给和消耗侧均体现出土壤水资源量增加的特性，且各流域基本均在 8 月达到一年中的最大，且该时段补给量远大于消耗量，从而土壤水库的蓄变量呈增加趋势。

　　第四阶段：土壤水资源量处于快速消退的阶段。此时段集中于 9～10 月。在此时段，在补给侧，由于土壤水库的入渗补给下降，而此前消耗并未停止，由土壤水库蓄存量和入渗构成的土壤水资源总体减少；在消耗侧，尽管气温的降低减少了土壤水资源的消耗，但是由于构成土壤水资源的补给降低速度远大于消耗，从而使得时段末土壤水库蓄水量快速减少。时段内消耗和时段末土壤水库蓄水量共同导致土壤水资源的快速消退。

总之，由土壤水资源年内变化可知，基于补给侧，土壤水资源的变化与区域内降水量的演变具有相似性，且与时段初土壤含水量密切相关；在其消耗过程中，在既定的入渗补给和初期含水量条件下，土壤水资源的变化又受到蒸发蒸腾消耗量和时段末的土壤水库蓄水量决定。考虑到土壤水资源通过蒸发蒸腾消耗实现其资源价值，因而，就年内土壤水资源消耗的构成成分而言，在一年中，第一、二、四三个阶段（即 11 月~翌年 5 月、9~10 月）主要以消耗时段初土壤水库蓄水量为主；第三阶段（6~8 月）主要以降水入渗补给为主。因此，在实际中，应该加强一年中年初和年末土壤水库水量的蓄存，增加底墒，控制消耗。在汛期要加强降水入渗的保存，以作为后期底墒维持农业和生态消耗的需要。

2）年际变化及其影响因素

由图 5-15 可知，年际土壤水资源的变化明显。由于年际降水和土地利用的差异，在 1956~2005 年的 50 年中，尽管全流域流域土壤水资源演变的总体趋势与降水量相似，基本呈现随降水量增大而增加，随降水量的下降而减少的趋势，但是其变化的幅度远小于降水的变幅。特别是进入 20 世纪 90 年代以来，二者下降幅度的差异尤为明显。

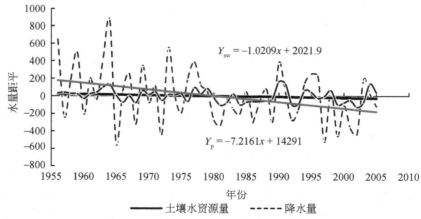

图 5-15　历史系列年下垫面条件下海河流域降水量与土壤水资源量的变化趋势

　　结合表 5-9 可知，土壤水资源的分布基本以 20 世纪 80 年代为分界点，在此之前，基本维持在 1018 亿 m³ 水平；进入 80 年代，土壤水资源迅速下降到 950 亿 m³；尽管 90 年代有所增加，但是到 21 世纪初期，土壤水资源量再次减少到 972 亿 m³。相比 1956～2005 年的前 24 年（1956～1979 年）和后 26 年（1980～2005 年），全流域土壤水资源量相差约 31 亿 m³。

　　在各子流域年际间变化差异明显，滦河及冀东沿海诸河年际间变化并不显著，而海河南系则前 24 年和后 26 年相差近 28 亿 m³。

表 5-9　海河流域土壤水资源量的年际变化　　（单位：亿 m³）

区域	1956～1969 年	1970～1979 年	1980～1989 年	1990～1999 年	2000～2005 年	1956～1979 年	1980～2005 年	1956～2005 年
全流域	1018	1019	950	1012	972	1019	978	998
滦河及冀东沿海诸河	175	184	176	183	177	179	179	179
海河北系	200	199	188	199	192	200	193	196
海河南系	523	509	476	505	486	517	489	503
徒骇马颊河	120	127	110	125	117	123	117	120

　　由于降水和土地利用格局的改变是造成土壤水资源变化的主要因素。结合表 5-10 降水的土壤水资源转化率和表 5-11 历史系列年土地利用格局的统计结果可知，在近 50 年海河流域的透水域上土地利用格局变化并不明显，但全流域降水量在减少，而降水转化为土壤水资源转化率整体呈增长趋势，尤以 21 世纪初转化率最大，达到降水量的 62.5%。各二级水资源区也遵循相似的规律。由此可见，流域降水结构和类型的变化是影响近 50 年土壤水资源量变化最重要的因素。

表 5-10　海河流域降水转化为土壤水资源的转化率　　（单位：%）

区域	1956～1969 年	1970～1979 年	1980～1989 年	1990～1999 年	2000～2005 年	1956～1979 年	1980～2005 年	1956～2005 年
全流域	55.2	57.6	61.3	60.7	62.5	56.2	61.3	58.7
滦河及冀东沿海诸河	56.2	57.8	64.4	60.1	68.0	56.9	63.4	60.1
海河北系	45.9	47.3	50.7	50.1	53.7	46.5	51.1	48.7
海河南系	58.1	61.2	63.7	65.1	64.5	59.3	64.5	61.8
徒骇马颊河	60.2	64.8	69.3	66.3	63.4	62.1	66.6	64.3

表 5-11　历史下垫面海河流域裸土植被域土地利用格局变化　（单位:%）

时段	地类	全流域	滦河及冀东沿海诸河	海河北系	海河南系	徒骇马颊河
1956~1969 年	裸地	11.8	12.8	11.8	11.6	10.9
	植被覆盖区	83.7	84.1	84.1	83.8	81.6
1970~1979 年	裸地	11.8	12.8	11.8	11.6	10.9
	植被覆盖区	83.7	84.1	84.1	83.8	81.6
1980~1989 年	裸地	11.9	12.2	12.1	11.9	10.6
	植被覆盖区	83.0	84.9	83.0	82.8	81.2
1990~1999 年	裸地	11.9	12.2	12.1	11.9	10.6
	植被覆盖区	81.2	85	82.9	82.6	81.2
2000~2005 年	裸地	11.9	12.2	12.1	11.9	10.6
	植被覆盖区	83.0	85.0	82.9	82.6	81.2
1956~1979 年	裸地	11.8	12.8	11.8	11.6	10.9
	植被覆盖区	83.7	84.1	84.1	83.8	81.6
1980~2005 年	裸地	11.9	11.8	12.1	11.9	10.6
	植被覆盖区	83.0	83.7	83.0	82.7	81.2
1956~2005 年	裸地	11.8	12.5	12	11.8	10.7
	植被覆盖区	83.3	84.5	83.5	83.2	81.4

　　总之，由不同年代土壤水资源的数量和降水的土壤水资源转化率的演变可见，不同年代，海河流域土壤水资源均在降水中占有较大的比重，特别是在降水较少的年份，降水转化为土壤水资源的比率更大。因此，土壤水资源，作为降水的主要派生资源，是广义水资源的重要组成部分，重视土壤水资源的利用，对充分利用一切降水派生资源具有重要的意义。在来水较少的年份，尤其要重视土壤水资源水分的利用。

5.4　50 年气象系列历史下垫面流域土壤水资源消耗结构和消耗效率

　　土壤水资源，最终均以蒸发蒸腾的方式被消耗，而且在此过程中实现其在水循环过程的承接作用和水资源的价值。随着水资源管理由需水管理向更深层次的水资源耗水管理的转变过程中，合理评价水资源的消耗方式和消耗效率，尤其对占水资源消耗绝大部分的土壤水资源的消耗方式和消耗效率评价，对于提高流域水资源的利用效率具有重要的作用。

为此，下面结合第 3 章有关土壤水资源消耗效率的界定准则，在对海河流域土壤水资源数量评价的基础上，根据土地利用和植被覆盖度将土地利用分类，对其消耗结构和效率进行分析，以为流域执行最严格的水资源管理和"三条"红线中的效率控制红线的实施提供帮助。

5.4.1　土壤水资源消耗结构

由图 5-16 和表 5-12 可知，在 50 年系列历史下垫面无人工取用水条件下，全流域土壤水资源量为 998 亿 m³，其中消耗于植被的蒸腾量为 531 亿 m³，占土壤水资源总量的 53.2%，用于植被棵间和裸土壤蒸发量共计 467 亿 m³，占土壤水资源总量的 46.8%。

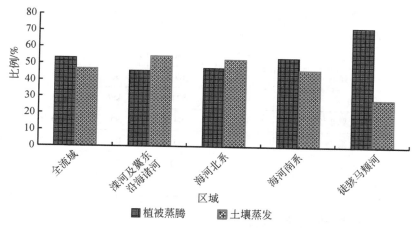

图 5-16　多年平均条件下土壤水资源的消耗结构

在空间，各水资源二级区的蒸腾消耗量占全部土壤水资源量均维持在 44.7% 以上。但是，由于区域间气候、土地利用状况的差异，在土壤水资源的消耗中，蒸腾消耗所占的比例呈现从上游向下游递增的趋势，即滦河及冀东沿海诸河土壤水资源的蒸腾消耗量和海河北系最小，不足全部土壤水资源消耗量的 50%；海河南系居中，达到其所有土壤水资源量的一半；徒骇马颊河最大，蒸发蒸腾量占其所有土壤水资源量的 71.6%。蒸发消耗所占的比例恰好相反。

在时间上，尽管土壤水资源数量在年代间相差较大，但其消耗结构基本相同，蒸腾消耗所占比例下游大，上游小；在后 26 年，除海河南系，其他区域蒸腾消耗所占比例较前 24 年略有增加。其变化详见表 5-12。

表 5-12   历史下垫面海河流域土壤水资源的消耗结构

时段	区域	土壤水资源/亿 m³	植被蒸腾消耗/亿 m³	土壤蒸发消耗/亿 m³	蒸腾/土壤水资源总量/%	蒸发/土壤水资源总量/%
多年平均(1956~2005年)	全流域	998	531	467	53.2	46.8
	滦河及冀东沿海诸河	179	82	97	45.8	54.2
	海河北系	196	93	103	47.6	52.4
	海河南系	503	269	234	53.6	46.4
	徒骇马颊河	120	86	34	71.6	28.4
24年平均(1956~1979年)	全流域	1019	541	478	53.1	46.9
	滦河及冀东沿海诸河	179	80	99	44.7	55.3
	海河北系	200	94	106	47.0	53.0
	海河南系	517	280	237	54.2	45.8
	徒骇马颊河	123	87	36	70.7	29.3
26年平均(1980~2005年)	全流域	978	521	457	53.3	46.7
	滦河及冀东沿海诸河	179	84	95	46.9	53.1
	海河北系	193	93	100	48.2	51.8
	海河南系	489	259	230	53.0	47.0
	徒骇马颊河	117	85	32	72.6	27.4

5.4.2   土壤水资源消耗效率

1)流域土壤水资源综合消耗效率

由于蒸发和蒸腾消耗的水资源在生产和生活中的作用不同,因而其消耗效率也存在差异。以下依据土壤水资源消耗效率的判断准则(表5-13),对不同水平年土壤水资源的综合消耗效率作了分析,结果见表5-14和图5-17。

表 5-13   不同植被条件下土壤水资源消耗效用的判断准则

项目	耕地	林地				草地		
		有林地	灌木林	其他	疏林地	高盖度	中盖度	低盖度
平均覆被度	1	1	1	0.3	0.3	1	0.5	0.2
有效棵间蒸发比/%	100	100	100	30	30	100	50	20

表5-14 历史系列年下垫面条件下多年平均土壤水资源的消耗效率

时段	流域分区	土壤水资源量 /亿 m³	生产性消耗			非生产性消耗 /亿 m³	生产性（非生产性）消耗/ 总土壤水资源			
			总量 /亿 m³	高效消耗 /亿 m³	低效消耗 /亿 m³		总量 /%	高效消耗 /%	低效消耗 /%	非生产性消耗 /%
多年平均（1956～2005 年）	全流域	998	872	531	341	126.8	87.3	53.2	34.1	12.7
	滦河及冀东沿海诸河	179	154	82	72	25.5	85.8	45.8	39.9	14.3
	海河北系	196	178	93	85	18.1	90.8	47.6	43.2	9.2
	海河南系	503	432	269	162	71.1	85.8	53.6	32.3	14.1
	徒骇马颊河	120	108	86	22	12.1	89.9	71.6	18.3	10.1
24 年平均（1956～1979 年）	全流域	1019	893	541	352	125.5	87.6	53.1	34.5	12.3
	滦河及冀东沿海诸河	179	153	80	73	25.9	85.5	44.7	40.8	14.5
	海河北系	200	182	94	88	18	91.0	47.0	44	9.0
	海河南系	517	448	280	168	68.8	86.7	54.2	32.5	13.3
	徒骇马颊河	123	110	87	23	12.8	89.6	70.7	18.9	10.4
26 年平均（1980～2005 年）	全流域	978	852	521	331	126.08	87.1	53.3	33.8	12.9
	滦河及冀东沿海诸河	179	154	84	70	25.06	86.0	46.9	39.1	14.0
	海河北系	193	175	93	82	18.26	90.4	48.2	42.3	9.5
	海河南系	489	418	259	159	71.2	85.5	53.0	32.5	14.6
	徒骇马颊河	117	105	85	21	11.56	90.1	72.7	17.5	9.9

由表5-14和图5-17可知，在近50年平均条件下，全流域土壤水资源的生产性消耗量总计为872亿 m³，占土壤水资源总量的87.3%，非生产性消耗量为126.8亿 m³，占土壤水资源总量的12.7%。在生产性消耗中，其中高效消耗量和低效消耗分别占土壤水资源总量的53.2%和34.1%，为531亿 m³和341亿 m³。

在空间上，不同水资源二级区，在多年平均条件下土壤水资源消耗效率与全流域相似，也基本表现为生产性消耗占有绝对大比重，且尤以高效消耗量占比重最大。但是不同区域间集中表现为：以海河南系为界，尽管土壤水资源量分别向上游和下游递减，但其生产性消耗基本呈从下游向上游逐渐递减的趋势，且以徒骇马颊河流域的生产性消耗量所占比例最大，为其土壤水资源量的90.0%，其中高效消耗量所占比例达71.6%，生产性低效消耗和非生产性消耗共计28.4%；滦河及冀东沿海诸河区域，尽管其中的生产性消耗量所占比例也维持在85.8%，但是其生产性低效消耗和非生产性消耗所占比例较大，约为54.2%。比较可见，

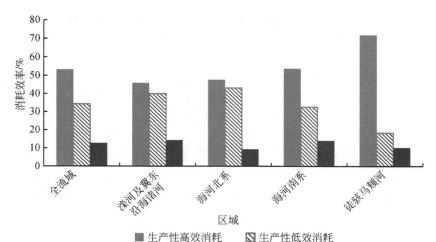

图 5-17 在多年平均条件下土壤水资源的消耗效率

徒骇马颊河的土壤水资源整体利用效率较高，滦河及冀东沿海诸河相对较低。

在时间上，全流域土壤水资源量的消耗效率变化并不明显，前24年（1956~1979年）和后26年（1980~2005年）生产性消耗均维持在87%以上。各水资源二级区的变化不同，除海河北系、海河南系外，其他区域生产性高效消耗所占比例均呈后26年略大于前24年的趋势，且基本以提高低效消耗和无效消耗部分的利用率为主。

由以上分析可知，尽管在历史系列年下垫面条件下，流域土壤水资源的整体利用效用相对较高，但是整体上生产性低效消耗和非生产性消耗仍占土壤水资源量的40%以上。因此，对海河流域加强土壤水资源，应以提高其生产性低效消耗和改变非生产性消耗的方式为重点，而且不同区域应各有侧重，尤其重点关注海河南系及其以北地区的土壤水资源的利用。

2）不同土地利用条件下土壤水资源的消耗效率

由于土壤水资源不能提取和运输的特性使得土壤水资源消耗效率的改变与区域土地利用状况密切相关。要改善和提高土壤水资源的综合利用效率，必须明确不同土地利用条件下的土壤水资源的消耗效率。下面就对与土壤水资源形成和转化关系最为密切的三种土地利用类型——裸地、植被域、农田域进行分析，以为区域提高土壤水资源的消耗效率进行种植结构调整提供依据。由于书中仅模拟了无人工取用水过程，在模拟计算中将灌溉农田域折算为非灌溉农田域，统称为农田域。

由于各种土地利用形式对土表面覆盖度的不同以及作物体对土壤水资源利用

的不同，使得不同类型的利用效率差异较大。由表 5-15 可知，在全流域土壤水资源中，以农田所占比例最大，其次是林地、草地，裸土最小，对应的比例分别为 58.6%、17.0%、15.2% 和 9.2%。

但是，在各种土地利用中，林地土壤水资源的生产性消耗为 167.9 亿 m^3，非生产性消耗为 1.6 亿 m^3；在生产性消耗中，高效消耗占 74.1%，低效消耗占 25.9%。

对于草地土壤水资源的消耗，生产性消耗为 118.6 亿 m^3，非生产性消耗为 33.0 亿 m^3；在生产性消耗中，高效消耗占 63.6%，低效消耗占 36.4%。

农田土壤水资源的消耗量为 585.1 亿 m^3，其中生产性高效消耗占 56.6%，低效消耗占 43.4%。

裸土土壤水资源的非生产消耗量达 92.2 亿 m^3。

表 5-15　历史下垫面不同土地利用下的土壤水资源消耗效率

（单位：亿 m^3）

| 时段 | 流域分区 | 林地 | | | 草地 | | | 农田 | | 裸地 |
| | | 生产性消耗 | | 非生产性消耗 | 生产性消耗 | | 非生产性消耗 | 生产性消耗 | | 非生产性消耗 |
		高效蒸腾	低效蒸发	蒸发	高效蒸腾	低效蒸发	蒸发	高效蒸腾	低效蒸发	蒸发
多年平均（1956～2005年）	1	124.5	43.4	1.6	75.4	43.2	33.0	331.1	254.0	92.2
	2	38.4	17.0	0.2	22.8	8.2	9.8	20.8	46.3	15.5
	3	31.9	9.0	0.4	17.8	10.8	11.1	43.6	64.9	6.6
	4	46.9	16.0	0.6	33.4	23.6	11.9	189.1	122.7	58.6
	5	7.1	1.4	0.4	1.4	0.5	0.1	77.4	20.1	11.6
24年平均（1956～1979年）	1	123.3	45.6	1.7	73.9	45.7	33.3	343.8	260.7	90.5
	2	37.5	17.7	0.2	21.9	9.1	9.8	20.5	46.2	15.9
	3	31.8	9.5	0.4	17.5	11.3	11.6	44.7	67.3	6
	4	46.9	16.6	0.7	33.1	24.9	11.8	200.1	126.4	56.3
	5	7.2	1.5	0.4	1.4	0.4	0.1	78.4	21.3	12.3
25年平均（1981～2005年）	1	125.3	41.5	1.5	76.9	40.6	32.3	318.7	248.9	92.2
	2	39.3	16.3	0.5	23.8	7.3	9.8	20.9	46.5	15.1
	3	32.2	8.6	0.4	18.2	10.5	10.7	42.6	62.5	7.2
	4	46.9	15.4	0.6	33.6	22.5	11.7	178.7	121.1	58.9
	5	7.0	1.3	0.4	1.4	0.5	0.1	76.4	18.7	11.1

注：流域分区 1～5 分别代表全流域、滦河及冀东沿海诸河、海河北系、海河南系和徒骇马颊河区域

比较以上不同土地利用条件下土壤水资源的消耗效率可知，农田大于林地大于草地。有植被覆盖土地的非生产性消耗量较裸地的蒸发消耗量小，林地的非生产性消耗量小于草地量。在生产性高效消耗量中，以林地所占比例最大，农田次之，而草地的最小。

不同水资源二级区表现出相似的变化趋势，仍以生产性有效消耗量最大，非生产性消耗量较小。

在生产性消耗中，各区域以农田的消耗最大，对于林地和草地的消耗，则主要以林地消耗量最大，草地的消耗量最小。

在非生产性消耗，以裸地消耗量最大，有植被覆被地区相对较小，但草地的非生产性消耗较林地大。在林地、草地植被覆被域的非生产性消耗呈现以海河流域中部——海河北系和海河南系的较大，滦河及冀东沿海诸河次之，徒骇马颊河最小的整体规律。在裸地的非生产性消耗量中，海河南系在其土壤水资源中占有最大比例，而海河北系最小。

比较不同年代不同土地利用条件下的土壤水资源消耗结构和消耗效率的演变可知，由于土地利用条件的变化不明显，相应土壤水资源消耗效率的变化也无显著差异。对于农田，由于农业用地面积的变化以及灌溉农业的发展，农田的生产性消耗在减少；对于林地、草地，各自的棵间的非生产性消耗均减小。

由以上分析可见，土地利用格局的变化，以及种植结构的调整，是影响土壤水资源消耗效用的主要原因。在历史系列年土地利用条件下，要提高土壤水资源的利用效率，应以减少农田棵间土壤的生产性低效消耗和裸土非生产性消耗为主。

5.5　26年气象系列历史下垫面土壤水资源变化

5.5.1　土壤水资源数量

由表 5-16 中 1980～2005 年系列降水和分离人工取用水历史系列年下垫面条件的模拟结果可知，在此 26 年气象条件、全流域多年平均条件下土壤水资源为 305.6mm，合计水量为 976 亿 m³，占全流域降水量的 61.1%，是流域径流量的 4.8 倍。

与 50 年系列（表 5-7）相比，由于近年来降水量的减少，降水转化为土壤水资源的总量也在减少，但是转化率却在增加。26 年降水转化为土壤水资源的转化率较 50 年系列增加了 2.5%；除滦河及冀东沿海诸河，其他水资源二级区降水转化为土壤水资源的转化率均表现出增加趋势。各区域 26 年土壤水资源量的变化情况详见表 5-16。

表 5-16　1980～2005 年气象系列历史下垫面条件土壤水资源量

区域	降水		河川径流		土壤水资源		土壤水资源量/降水量/%	土壤水资源量/径流量/%
	水深/mm	水量/亿 m³	水深/mm	水量/亿 m³	水深/mm	水量/亿 m³		
全流域	499.9	1596	63.9	204	305.6	976	61.1	4.8
滦河及冀东沿海诸河	519.1	283	93.7	51	289.0	157	55.6	3.1
海河北系	455.8	378	61.9	51	234.5	194	51.5	3.8
海河南系	510.6	760	60.4	90	340.4	507	66.6	5.6
徒骇马颊河	531.0	176	35.8	12	354.8	118	66.8	9.8

5.5.2　土壤水资源消耗结构

由表 5-17 可知，在 26 年气象条件下，全流域土壤水资源用于植被蒸腾的消耗量为 513 亿 m³，土壤蒸发消耗为 463 亿 m³，分别占土壤水资源总量的 52.6% 和 47.4%。

表 5-17　1980～2005 年系列条件下土壤水资源的消耗结构

区域	土壤水资源		植被蒸腾消耗		土壤蒸发消耗		蒸腾量/土壤水资源量/%	蒸发量/土壤水资源量/%
	水深/mm	水量/亿 m³	水深/mm	水量/亿 m³	水深/mm	水量/亿 m³		
全流域	305.6	976	160.6	513	145.0	463	52.6	47.4
滦河及冀东沿海诸河	289.0	157	138.1	75	150.9	82	47.8	52.2
海河北系	234.5	194	110.0	91	124.2	103	46.9	53.1
海河南系	340.4	507	176.1	262	164.6	245	51.7	48.3
徒骇马颊河	354.8	118	255.6	85	99.2	33	72.0	28.0

与 50 年系列（表 5-15）相比，全流域植被蒸腾消耗量略有减少，但在土壤水资源消耗结构中仍占约一半。各水资源二级区变化不一，滦河及冀东沿海诸河、徒骇马颊河植被蒸腾量呈增加趋势，海河北系和海河南系呈减少趋势。

由表 5-18 可知，对于蒸发蒸腾消耗，由于区域土地利用结构的差异，其消耗结构也随之变化。全流域植被蒸腾以农田最大，占 57.7%，林地和草地相似，为 21% 左右。各水资源二级区差异明显，海河南系和徒骇马颊河以农田蒸腾所占比例较大，分别占全区土壤水资源蒸发蒸腾消耗量的 63.3% 和 84.5%；滦河及冀东沿海诸河林地、草地和农田的植被蒸腾量相差不大，各自基本维持在 30% 左右。具体区域植被蒸腾消耗结构详见表 5-18。

表 5-18　海河流域不同土地利用的植被蒸腾消耗结构

区域	植被蒸腾/亿 m³			植被蒸腾占总蒸腾的比例/%		
	林地	草地	农田	林地	草地	农田
全流域	109.1	108.1	295.8	21.3	21.1	57.7
滦河及冀东沿海诸河	28.6	25.3	21.5	37.9	33.6	28.5
海河北系	27.1	26.9	36.5	29.9	29.7	40.3
海河南系	41.9	54.3	166.2	16	20.7	63.3
徒骇马颊河	11.5	1.6	71.6	13.6	1.9	84.5

5.6　本章小结

　　书中结合流域水循环的演化机理，以国家重点基础研究发展规划项目"海河流域水循环及其伴生过程的综合模拟与预测平台"中构建的分布式水文模型平台——WEPLAR 模型为基本工具，利用 50 年（1956～2005）和 26 年（1980～2005 年）水文气象资料，针对历史下垫面海河流域土壤水资源的数量、消耗结构和消耗效率及其演变开展了初步评价，分析得出了海河流域调控土壤水资源利用的方向。主要结论概括如下。

1）50 年气象条件下土壤水资源量及其时空演变

　　在 50 年（1956～2005 年）气象系列历史下垫面条件下，海河流域多年平均土壤水资源数量为 998 亿 m³，占降水总量的 58.7%，是流域径流量的 2.96 倍，是降水派生资源中的最大部分。在水资源二级分区方面，土壤水资源以海河北系最小，以徒骇马颊河最大。

　　就降水转化为土壤水资源的转化率而言，除海河北系外，其他各区域降水转化为土壤水资源的转化率均达到 60% 以上，土壤水资源量均为径流量的 2 倍以上，且尤以徒骇马颊河和滦河及冀东沿海诸河最大，分别达为径流量的 4.6 倍和 3.08 倍。这共同使得海河流域土壤水资源在空间上整体呈现以海河北系为界，分别向上游和下游递增的演变特点。

　　在时间上呈现如下演变：1956～2005 年，流域土壤水资源与降水量具有相似的变化趋势，即基本呈现随降水量增大，土壤水资源增加，降水量减小，土壤水资源下降的趋势。但是由于受降水类型、下垫面截留变化的影响，土壤水资源下降的幅度远小于降水的减少幅度。对于降水转化为土壤水资源的转化率，全流域整体呈增长趋势，基本上呈现出降水量减少，土壤水资源的转化率增大的变化，且在 50 年来的各年代中，以 21 世纪初转化率最大，达到降水量的 62.5%。

在年内,全流域土壤水资源数量集中体现为:年初和年末较小,汛期(6~9月)最大,约占全年水资源量的 60% 以上,而非汛期小的趋势;且不同区域和全流域年内土壤水资源分布整体呈现出由北向南逐渐分散分布的空间变化特征;综合 4 个水资源二级区共同发现,在年内,第一、二、四三个阶段(11 月~翌年 5 月、9~10 月)主要以消耗时段初土壤水库蓄水量为主;第三阶段(6~8 月份)主要以降水入渗补给为主。

因此,综合土壤水资源的降水转化率及其动态转化特征,按照流域/区域特点,在年内应以加强第一、二、四阶段土壤水资源的消耗管理为主,同时加强汛期土壤水库的蓄积管理。

2) 50 年气象条件下土壤水资源的消耗结构和消耗效率

在消耗结构方面,在 50 年条件下,全流域土壤水资源量为 998 亿 m³,其中消耗于植被的蒸腾量为 531 亿 m³,占土壤水资源总量的 53.2%,用于植被棵间和裸地的土壤蒸发量共计 467 亿 m³,占土壤水资源总量的 46.8%。

对于不同土地利用的消耗结构表现为:以农田消耗所占比例最大,其次是林地,裸土消耗量最小。林地、草地、农田和裸土的土壤水消耗量分别占土壤水资源量的 17.0%、15.2%、58.7% 和 9.2%。

在时间上,尽管土壤水资源数量在年代间相差较大,但其消耗结构基本相同,蒸腾消耗所占比例以下游较大,下游较小;在后 26 年,除海河南系,其他各二级水资源区蒸腾消耗所占比例较前 24 年略有增加。在空间上,各水资源二级分区蒸腾消耗量占其土壤水资源量均维持在 45% 以上,且呈现从上游向下游逐渐递增的趋势,蒸发消耗所占的比例恰好相反。

在消耗效率方面,在 50 年条件下,全流域土壤水资源的生产性消耗量总计为 872 亿 m³,占土壤水资源总量的 87.3%,其中高效消耗量为 531 亿 m³,低效消耗量为 341 亿 m³,分别占土壤水资源总量的 53.2% 和 34.1%。非生产性消耗占 12.7%。在各水资源二级区也表现出生产性消耗占有绝对大比重,呈从下游向上游逐渐递减的趋势。在生产性消耗中尤以高效消耗量占比重最大。在时间上,土壤水资源量的消耗效率变化并不明显,前 24 年(1956~1979 年)和后 26 年(1980~2005 年)生产性消耗均维持在 85% 以上。

对不同土地利用类型,其消耗效率不同。在生产性消耗中,各区域以农田的消耗最大,对于林地和草地的消耗,则主要以林地消耗量最大,草地的消耗量最小。在非生产性消耗中,以裸地消耗量最大,有植被覆被地区相对较小,但草地的非生产性消耗较林地大。各种土地利用中的消耗结构为:

林地土壤水资源的生产性消耗为 167.9 亿 m³,非生产性消耗为 1.6 亿 m³;

在生产性消耗中，高效消耗占 74.1%，低效消耗占 25.9%。

草地土壤水资源的消耗，生产性消耗为 118.6 亿 m³，非生产性消耗为 33.0 亿 m³；在生产性消耗中，高效消耗占 63.6%，低效消耗占 36.4%。

农田土壤水资源的消耗量为 585.1 亿 m³，其中生产性高效消耗占 56.6%，低效消耗占 43.4%。

裸土土壤水资源的非生产消耗量达 92.2 亿 m³。

3) 26 年气象条件下土壤水资源动态转化关系

1980～2005 年，全流域平均土壤水资源为 976 亿 m³，约占降水量的 61%，是流域径流量的 4.8 倍，分别有 52.6% 和 47.4% 用于植被蒸腾和土壤蒸发消耗。

在植被蒸腾中，林地、草地和农田蒸腾分别占 21.3%、21.1% 和 57.7%。在空间上，海河南系和徒骇马颊河以农田蒸腾所占比例较大，分别占全区土壤水资源蒸发蒸腾消耗量的 63.3% 和 84.5%；滦河及冀东沿海诸河林地、草地和农田的植被蒸腾量相差不大，各自基本维持在 30% 左右。

与 50 年系列相比，全流域植被蒸腾消耗量略有减少，但仍占土壤水资源总量的一半。在空间上，由于植被盖度的变化，呈现滦河及冀东沿海诸河、徒骇马夹河植被蒸腾量增加，海河北系和海河南系略有减少的趋势。

总之，由以上分析可知，尽管与黄河流域相比，海河流域的土壤水资源量相对较小，但降水转化为土壤水资源的转化率却较高，且全流域生产性的低效和非生产性消耗量仍占全部土壤水资源的近一半。

因此，面对海河流域水资源严重短缺的情势，提高土壤水资源消耗效率仍有进一步挖掘的潜力。综合不同区域的消耗结构和目前的消耗效率，减少生产性低效消耗是其主要的调控方向。另外，在北部山区也应加强非生产性消耗管理，以全面提高土壤水资源的利用效率。

第6章 松辽流域土壤水资源及其消耗效率评价

本章研究内容是以"十一五"国家科技支撑计划重点项目课题"松辽流域水资源全口径评价及旱情预测关键技术研究"为背景，在全面剖析和评价以降水为基础的水资源转化结构的基础上，对其中降水转化的重要组成——土壤水资源开展的深入研究。具体是在针对松花江流域水循环、水资源特点和存在问题全面剖析的基础上，借助松辽流域二元水循环模型（WEPSL）为基本工具，通过对流域不同土地利用和1956～2005年近50年水文气象系列情景下水循环全过程精细模拟后，分析了非径流性土壤水资源数量、动态转化结构及其消耗效率，为全面提高水资源的利用效率，缓解水资源短缺提供支撑。

6.1 流域概况及水资源特性

6.1.1 流域概况

松辽流域泛指为我国东北地区，地处115°32′E～135°06′E，38°43′N～53°34′N，南北长约1600km，东西宽约1400km。流域总面积为124.9万km²，约占全国土地面积的13%。在地理位置上，西北部与蒙古国及我国内蒙古自治区锡林郭勒盟接壤，西南部与河北省毗连，北部和东北部以额尔古纳河、黑龙江干流和乌苏里江与俄罗斯分界，东部隔图们江、鸭绿江与朝鲜民主主义人民共和国相望，南濒渤海和黄海。按照行政分区包括黑龙江、吉林、辽宁三省和内蒙古自治区东部二市二盟（赤峰市、通辽市以及兴安盟、呼伦贝尔盟）及河北省承德市的一部分。按照水系，全区包括松花江流域、辽河流域以及国际界河及黄渤海沿岸独流入海流域。其中松花江区面积最大，为93.5万km²，辽河区面积为31.4万km²。

全流域地貌以山地、丘陵和平原为主，其中山地面积为54.1万km²，丘陵面积为32.6万km²，平原区面积40.1万km²，分别占流域总面积的43.6%、26.3%和32.1%。其基本分布呈现马蹄形，即西、北、东三面环山，从西向东分布有我国著名的大兴安岭、小兴安岭、长白山；南部为渤海和黄海；中部分布有宽阔的平原，主要有辽河平原、松嫩平原和三江平原。

流域内水系发达。流域面积大于 1000km² 的河流有 315 条，包括黑龙江水系的额尔古纳河、松花江、乌苏里江；辽河水系的东、西辽河，辽河干流以及浑河、太子河；独流入海的绥芬河、图们江、鸭绿江、大凌河、小凌河等。其中，松花江是中国七大江河之一，有南北两源，北源为嫩江，南源为第二松花江，嫩江、第二松花江在吉林省扶余县的三岔河附近汇合后称松花江干流。松花江全长 3267km，流域面积为 56.12 万 km²。1956～2000 年平均径流量为 818 亿 m³，位居全国第三。松花江流域水系众多，水能蕴藏丰富，主要有嫩江水系、第二松花江水系、松花江干流水系。

辽河发源于河北省承德市七老图山脉的光头山，流经河北、内蒙古、吉林和辽宁四省（自治区），在辽宁省盘锦市注入渤海，全长 1345km，流域面积为 22.1 万 km²。辽河流域由两个独立的水系组成：其一为辽河水系，包括东、西辽河，两河于福德店汇合后为辽河干流，经盘锦市由双台子河入海，干流全长 516km；其二为浑河、太子河水系，两河在三岔河附近汇合后，经大辽河于营口入海，大辽河长 94km。全水系的理论水资源蕴藏量中约 30% 分布在干流，约 50% 分布在支流西拉木伦河、浑河、太子河，其余 20% 分布在其他支流。

松辽流域具体地理位置和详细的区域概况如图 6-1 所示。

1）自然气候特点

全流域地处北半球中高纬度欧亚大陆东岸，处于西风带影响下，在全国综合自然区划中，属于寒温带、温带、暖温带、半湿润、半干旱地区，具有明显的季风气候特征。

降水量：全流域 55 年（1956～2010 年）平均为 8810 亿 m³，折合降水深度为 699mm，但时空变化较大。在年际间，由图 6-2 可知，由于全球气候变化的影响，近 50 年全流域降水量整体上呈现下降趋势，且 1956～1979 年前 24 年较多年平均值偏多 16.7%，而后 26 年较多年平均值偏少 12.4%。特别是进入 21 世纪，降水量的减少更加明显，较多年平均减少了 17.6%；在年内，降水主要集中在 5～9 月，占全年降水量的 80%，四季分布如图 6-3 所示。在空间上，全流域降水整体呈现东南部较大、西北部较小；山区多于平原；山地迎风坡多于背风坡的空间格局。其中，居于北部的松花江区，占全流域降水量的 79.6%，近 50 年多年平均降水量为 7013 亿 m³，折合水深 749mm；辽河区，占全流域降水量的 20.4%，近 50 年为 1797 亿 m³，折合降水深度为 556mm。

温度：由图 6-3 可知，近 55 年全区平均气温为 -4～10℃，呈现冬季严寒，夏季温热，年最高气温为 7 月，年最低气温为 1 月。地区间平均气温差异较大，全区呈现由西北部向东南部递增，大部分地区为 2～6℃；南北气温差异悬殊，历

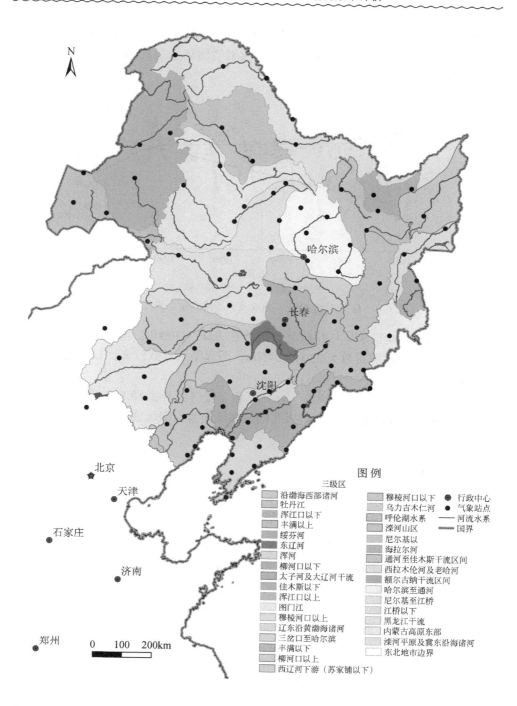

三级区

沿渤海西部诸河
牡丹江
浑江口以下
丰满以上
绥芬河
东辽河
浑河
柳河口以下
太子河及大辽河干流
佳木斯以下
浑江口以上
图门江
穆棱河口以上
辽东沿黄渤海诸河
三岔口至哈尔滨
丰满以下
柳河口以上
西辽河下游（苏家铺以下）

穆棱河口以下
乌力吉木仁河
呼伦湖水系
滦河山区
尼尔基以
海拉尔河
通河至佳木斯干流区间
西拉木伦河及老哈河
额尔古纳干流区间
哈尔滨至通河
尼尔基至江桥
江桥以下
黑龙江干流
内蒙古高原东部
滦河平原及冀东沿海诸河
东北地市边界

图 例

● 行政中心
● 气象站点
— 河流水系
— 国界

图 6-1　松辽流域概况图

史极端最高气温为赤峰42.5℃；极端最低气温为黑龙江最北部的漠河−52.3℃。在近50年，在全球气候的影响下，全流域温度整体上呈逐渐上升的趋势，详细演变如图6-2所示。

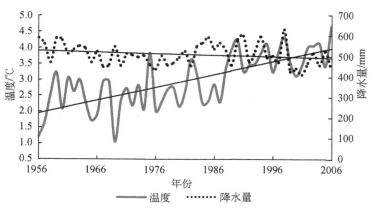

图6-2　松辽流域1956～2006系列年降水量、温度变化趋势

日照时数：全区多年年日照时数维持在2000～3000h，东西部差异较大，东部多为阴雨天，日照时数为2200～2400h；西部晴天日数较多，日照时数为2600～3300h。

风速：全区年平均风速为2～4m/s。由于受气旋环流和地势的影响，西北部常年盛行西北风和北风。辽河湾以北则最多风向为西南风或南风，且平原及河谷地带风速较大。

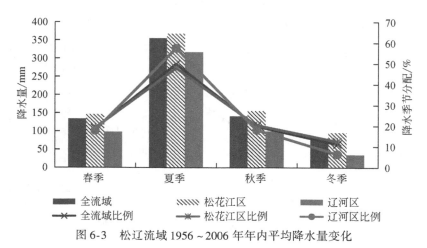

图6-3　松辽流域1956～2006年年内平均降水量变化

蒸发量：在以上气象因素的共同作用下，流域蒸发量较大。多年平均维持在

1000~1600mm。地区间差异较大，北部地区不足 1000mm，而西部和南部高达 1600~2000mm。且在蒸发的季节上分布不均，以春夏季为主，占年总蒸发量的 80%。

2）经济社会发展

松辽流域特殊的地理位置，雨热同期，水资源相对丰富，促进了区域社会经济发展，加之近年来国家提出的振兴老工业基地建设，社会经济发展更加迅速。据统计，到 2010 年，全流域总人口为 1.21 亿人，占全国总人口的 9.1%，其中城镇人口达 6861 万人，城镇化率达到 56.6%。同年，GDP 总量为 4.1 万亿元，占全国的 9.3%，人均 GDP 为 3.35 万元；工业总产值为 1.9 万亿元，占全国总额的 9.6%；拥有耕地面积约 4.3 亿亩，占全国耕地面为的 22.8%，生产粮食生产量达 1.12 亿 t，占全国总量的 19.8%，人均粮食产量为 919kg，是全国平均水平的 2.2 倍。

松花江区：2010 年 GDP 为 1.86 亿元，占松辽流域的 53.6%；工业总产值为 8160 多亿元，占松辽流域的 43.6%，在千亿斤粮食增产计划的推动下，粮食产量为 7910 万 t，占松辽流域的 70.9%，占全国的 14%。

辽河区：2010 年 GDP 为 2.2 万亿元，占松辽流域的 46.4%，工业总产值为 1.06 万亿元，占松辽流域的 56.4%；粮食产量为 3246 万 t，占松辽流域的 29.1%。

各经济指标统计见表 6-1。

表 6-1　2010 年松辽流域地区经济指标统计表

区域	人口/万人	GDP/亿元	工业总产值/亿元	粮食产量/万 t	耕地面积/万亩
全国	133 403	437 900	194 218	56 416	186 551
松辽流域	12 137	40 698	18 727	11 154	42 589
松花江区	6 509	18 657	8 165	7 909	31 884
辽河区	5 628	22 041	10 561	3 246	10 705

3）水资源及水资源开发利用情况

在以上自然和经济社会发展的共同作用下，流域水资源及其开发利用情况区域间差异较大。

水资源状况：松辽流域多年平均水资源总量为 2161 亿 m^3，其中地表水资源量为 1800 亿 m^3，地下水资源量为 754 亿 m^3，不重复的地下水资源量为 361 亿 m^3。受地形及大陆性季风气候的影响，从东向西，产水量逐渐减少，水资源呈现东部水多、中西部水少，约 2/3 的水流入界河的显著地带性特征。在区域上，水资源分布呈现与流域面积比例相仿的分布特征。

松花江流域多年平均水资源量为 1492 亿 m^3，占全松辽流域水资源量的 73.5%。其中，地表水资源量为 1296 亿 m^3，不重复的地下水资源量为 196 亿 m^3。辽河流域多年平水资源量为 498.2 亿 m^3，占全松辽流域水资源量的 26.5%，其中地表水资源量为 408 亿 m^3，不重复的地下水资源量为 90.2 亿 m^3。

水资源开发利用情况：在经济的高速发展下，对水的需求量较大，水资源的开发利用发展较快。

供水量：据统计，2010 年全流域总供水量为 665 亿 m^3，其中地表水供水量为 351 亿 m^3，地下水供水量为 310 亿 m^3，分别占总供水量的 53% 和 47%。

松花江流域，总供水量为 457 亿 m^3，其中地表水为 259 亿 m^3，占总供水量的 56.6%；地下水为 197 亿 m^3，占总供水量的 43.1%。在地表水供水中，以引、提水为主，蓄水工程供水偏低；地下水供水中，由于深层地下水保护，其供水以浅层为主，占供水量的 80.6%。

辽河流域，总供水量为 209 亿 m^3，其中地表水为 92 亿 m^3，占总供水量的 44%；地下水为 113 亿 m^3，占总供水量的 54%，其他水源为 0.82 亿 m^3。在地表水供水中，以引、提水为主，蓄水工程供水偏低；地下水供水中，由于深层地下水保护，99% 的供水以浅层为主。

用水量：在 2010 年，全流域总用水量为 665.5 亿 m^3，其中，生活、工业、农业和生态用水量分别为 67.7 亿 m^3、117.3 亿 m^3、468 亿 m^3 和 12.5 亿 m^3，分别占总用水量的 10.2%、17.6%、70.3% 和 1.9%。农业用水是区域用水总量，为保障保障我国的粮食安全发挥了极为重要的作用。

松花江流域，总用水量为 456.6 亿 m^3，其中，生活、生产和生态用水分别为 34.4 亿 m^3，413.9 亿 m^3 和 8.3 亿 m^3，分别占总用水量的 7.5%、90.7% 和 1.8%。在生产用水中，以农业用水为主，达 331.4 亿 m^3，占总用水量的 72.7%。

辽河流域，总用水量为 208.9 亿 m^3，其中生活、生产和生态用水分别为 33.3 亿 m^3、171.5 亿 m^3 和 4.1 亿 m^3，分别占总用水量的 15.9%、82.1% 和 2%。在生产用水中，以农业用水为主，达 136.7 亿 m^3，占总用水量的 65.4%。

在工程方面：新中国成立以来，松辽流域内的水利工程建设迅速发展，到 2010 年，全流域修建蓄水工程 18 231 处，总蓄水容量达 775.36 亿 m^3；引水工程 3055 处，提水工程 7038 处，地下水井 71.93 万眼，大中型水库达 308 座，其总蓄水量达到 286.07 亿 m^3。就大中型水库的建设，松花江区达 160 座，总蓄水量为 175.07 亿 m^3；辽河区大中型水库达 148 座，总蓄水量为 111 亿 m^3；松花江区达

160座。其他水利工程也得到了较大的发展。

　　与此同时，近年来，松辽流域实施了大伙房水库输水工程、吉林省中部城市群引松供水工程、文得根水利枢纽调水工程、黑龙江省引嫩骨干工程、三江平原排灌蓄工程体系及引洋入连工程等一系列水资源配置骨干工程，逐步形成"东水中引、北水南调"的水资源配置格局。

　　在以上气象条件和经济社会发展的共同影响下，流域水循环发生了明显变化，造成流域水循环各要素通量随之改变，使得水资源问题较为严重。

6.1.2　松辽流域水循环要素及水资源演变特征

　　松辽流域，作为我国较早接受和生产工业文明的地区之一，大中城市密集，人口集中，工业相对发达，同时又是我国重要的商品粮生产基地。加之松辽流域地处全球气候变化的敏感区域，受气候变化的影响，流域内水循环呈现出明显的"自然—社会"二元特性，水循环要素发生了明显的变化。

　　自然因素方面，由图6-2可知，以降水为代表的流域自然水循环要素，由于全球气候变化，特别是温度逐渐升高和高强度人类活动的共同驱动，整体呈现下降趋势。据统计，全流域降水量在21世纪初（2001~2006年）为466.3mm，较多年平均（1956~2000年）的512mm减少了8.9%。

　　社会因素方面，由于水资源开发利用和经济社会发展逐渐形成了日益复杂的供水—用水—耗水—排水关系，社会水循环中供用水通量整体呈增加趋势。在供水方面，由图6-4可知，近30年流域总用水量呈上升趋势，且与之相伴的循环结构随着供用水结构的变化而变化，且以农田灌溉所占比例最大。在供水方面，由图6-5可知，总用水量整体呈增加趋势，地表水、地下水也有相似的变化。

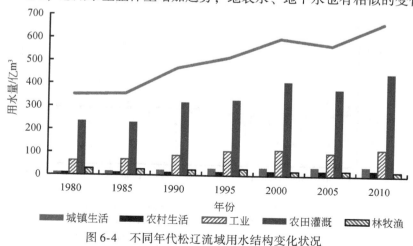

图6-4　不同年代松辽流域用水结构变化状况

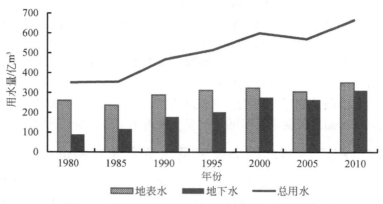

图 6-5　不同年代松辽流域供用水结构变化状况

在水量变化的同时，水利工程建设和土地利用格局的改变引起的流域下垫面变化亦直接或间接的影响着自然水循环过程，使得水循环的路径和通量随之发生改变。

在以上"自然—社会"二元水循环要素的共同作用下，流域的水分收支关系发生变化，水资源也随之改变。

对于区域整体收支方面：占支出绝对大比重的消耗——实际蒸发量，由计算统计如图 6-6 所示，全流域多年平均实际蒸发蒸腾量为 425mm，且近 50 年呈现上升的趋势，在前 24 年（1956～1979 年）为 420mm，后 27 年（1980～2006年）为 428mm，但是进入 21 世纪略有下降。比较流域的水分收支关系可见，全流域水分处于正平衡状态。不同时段流域的水分收支状况如图 6-7 所示。

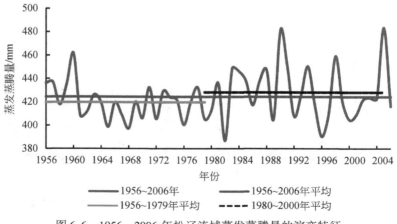

图 6-6　1956～2006 年松辽流域蒸发蒸腾量的演变特征

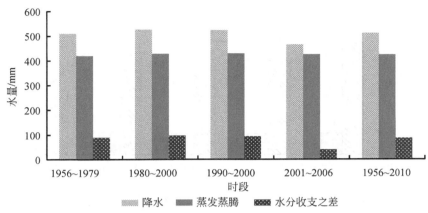

图 6-7　不同时段松辽流域水分收支关系的变化过程

在水资源方面：由表 6-2 可知，全流域水资源整体呈现下降趋势，特别是进入 2000 年以后，流域的水资源下降更加明显，且以辽河流域的下降最为显著（图 6-8）。不同区域表现为，松花江区和辽河区 2000～2005 年平均地表水资源量较 20 世纪 90 年代分别减少了 23.2% 和 36.1%，不重复的地下水资源量分别减少了 2.6% 和 43.9%。

表 6-2　松辽流域水资源变化　　　　　　（单位：亿 m³）

时段	20 世纪 60 年代之前	20 世纪 70 年代	20 世纪 80 年代	20 世纪 90 年代	2000 年以后
地表水资源	1879	1330	1797	1794	1325
地下水资源	294	268	290	298	219
总水资源	2173	1598	2087	2092	1543

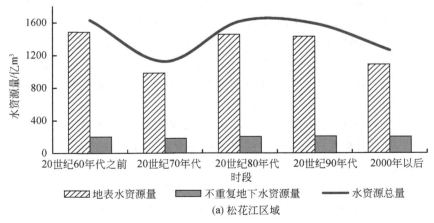

(a) 松花江区域

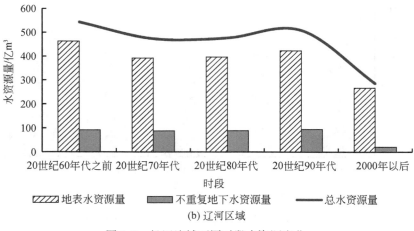

(b) 辽河区域

图 6-8　松辽流域不同时段水资源变化

6.1.3　松辽流域水资源问题与实践需求

1) 存在的问题

尽管与海河流域、黄河流域相比，松辽流域内水分收支关系总体趋于正平衡状态，水资源相对充足，水资源开发利用率相对较低，但是全球气候变化的自然影响和经济社会的快速发展，引发的地区间水资源开发利用不平衡，水资源利用效率低，供需不协调等水资源问题仍不容乐观，由此也引发了一系列的水生态环境问题。

据统计，到 2010 年，全流域人均占有水资源量为 $1442m^3$，低于全国（$2200m^3$）平均水平，水资源开发利用率达到 44.7%。水资源开发利用效率方面，人均用水量为 $548m^3$，万元 GDP 用水量为 $164m^3$，农田灌溉用水定额为 $393m^3$/亩，城镇生活用水为 167.3L/日，农村生活用水定额为 135L/（人·日）。农田灌溉，其渠系用水有效利用系数在 0.5 左右，即有一半的水量在进入农田前已损失了；城市管网漏失率大多在 10%~30%，有的甚至超过了 30%。节水器具普及率仅为 10%~30%。各用水指标详见表 6-3。

流域内水资源供需不协调。由于流域内降水空间分布为"边缘多、腹地少"，而其中的用水大户——农业的耕地则主要集中于腹地内的松嫩平原和三江平原，地区内水资源供需突出，旱涝频发。整个东北地区的西部呈现十年九旱，以春旱为主，且近几年干旱持续时间延长；东部的三江平原、松嫩平原，由于特殊的地形和季节性冻土带，排水不畅，土壤含水量过高，内涝严重。

表6-3　2010 年松辽流域的用水指标表

区域	人均 GDP/（万元/人）	人均用水量/m³	万元 GDP 用水量/m³	农田实灌亩均用水量/m³	人均生活用水量/（L/日）城镇生活	农村生活	万元工业增加值用水量/m³
全国	3.0	450	150	421	193.0	83.0	90.0
松辽流域	3.35	548	164	393	167.3	134.5	62.6
松花江区	1.41	702	245	391	159.2	127.9	101.0
辽河区	1.68	371	95	397	176.2	142.6	33.0

资料来源:《2010 年中国水资源公报》

　　另外，由于水资源地区分布不完全适应用水需求，地区间的开发利用程度不平衡，加上地表水的开发利用缺少调蓄工程，致使部分地区水资源不足，局部地区还很严重，尤其是大中城市及主要工业城市，如哈尔滨、长春、沈阳、齐齐哈尔、大庆，西辽河的通辽、四平等地区。虽然近年来，流域新建了一些引调水工程，如引浑济辽、引松入长等，在一定程度上缓解了用水矛盾，但仍不能满足用水需求，导致一些地区过量开采地下水，从而造成局部地区地下水大量超采，形成地下水降落漏斗。据统计，哈尔滨市 2008 年漏斗范围面积达 210km²，漏斗埋深达 39.4m；大庆市到 2008 年漏斗中心水位降至 40m，漏斗范围面积达 1450km²。沈阳市是一个以地下水为主要水源的城市，漏斗形成于 1956 年，2000 年漏斗范围面积曾达 513.3km²。

2）实践需求

　　松辽流域地处东北亚的核心区域，是我国东北的重要门户，其经济社会发展直接关系着我国整体经济的发展和东北亚地区的稳定。区域内分布有丰富的矿产能源资源，为我国东北亚经济发展中心；同时，由于区域内光热资源相对丰富，且为世界上著名的黑土地之一，土壤肥沃，是我国重要的粮食生产基地，又是我国水稻、大豆、玉米的主要生产区，另外，该区域是我国重要的生态屏障，分布有森林、草地、湿地等国家自然保护区。有限水资源的合理布局和有效利用成为区域经济、社会和生态环境协调发展的重要保障。

　　在农业方面，东北地区要肩负起国家粮食安全的重任，预计未来 15~20 年，我国新增粮食中的 60% 左右源于东北地区。2008 年国家做出"实施粮食战略工程，加快建设粮食核心区"的战略决策，在《国家粮食安全中长期发展规划纲要》中，对粮食增产规划和措施提出了新要求，黑龙江省拟通过调整种植结构，加强水源建设、提高西部旱地生产能力，扩大东部水田面积，建设全省粮食生产能力达到 1010 亿斤①以上，实现粮食生产能力千亿斤的战略规划；吉林省拟借助土地资源优势，加强水资源利用和推广农业新技术等措施，整体提高粮食综合生产能力，使全省粮食生产由目前的 500 亿斤提高到 600 亿斤，实现增产百亿斤的商品粮生产建设规划。

在生态建设方面，面对当前流域内森林、草地等自然资源的过度利用，山区森林和湿地退化，丘陵漫岗水土流失、沙化严重等生态问题，以及在全球气候变化和人类活动的影响下，干旱、半干旱和亚湿润干旱地区的土壤退化，黑土流失严重现实，为满足未来东北地区经济发展，缓解以上生态环境问题，2007 年国务院在《东北地区振兴规划》中明确提出，要合理利用森林与草原资源，东北地区在"十二五"期间森林覆盖率提高到 37.5%；在内蒙古东部等重点草原退化区继续推进退牧还草工程，加强"三化"草场综合治理，转变传统放牧方式，建设高产人工草地和饲草饲料基地，推行舍饲圈养在湿地保护与恢复——加强三江平原、松嫩平原等湿地资源和生物多样性的保护，进行湿地恢复试点，实施湿地移民工程。

面对以上东北地区经济发展和生态环境保护和修复目标，对水资源提出了新的要求。然而，在人类活动的干扰下，松辽流域的水资源呈现显著减少的趋势，而且工农业需水量增加。又由于降水的时空分布不均且与耕地的分布不匹配：一方面造成地区干旱频发；另一方面又极易发生内涝。因此，从根本上缓解流域水资源短缺，应对工业需水量增加，农业用水结构变化和经济与生态环境需水等问题，在现实的基础上，立足水循环全过程，认识并评价降水转化过程中一切可利用的水资源对缓解流域水资源短缺具有重要的现实意义。

土壤水资源作为水循环过程中的重要组成部分，是农业生产和生态环境建设最直接的水分源泉。松辽流域，作为我国重要的粮食主产区和林草地生产地，土壤水的合理利用和调控对流域社会经济发展尤为重要。因此，立足于水循环全过程，开展对土壤水资源的数量、消耗结构和消耗效率及其可调控性评价，不仅有利于提高非径流性水资源的开发利用，而且对缓解径流性水资源不足，全面改善松辽流域生态环境的发展具有重要的意义。

为此，面对松辽流域工农业的发展和生态环境保护的实践需求和当前水资源现状及存在的问题，本书基于水循环全过程模拟，开展不同下垫面条件下流域土壤水资源数量、消耗结构和消耗效率评价，为全面提高水资源的利用效率，改善流域水资源提供帮助。

---

① 1 斤 = 0.5kg。

6.2　松辽流域水循环模拟过程的简要说明

6.2.1　WEPSL 模型概况

"十一五"国家科技支撑计划项目"全口径水资源评价与旱情预警预报"开发的松辽流域水资源分布二元演化模型（WEPSL）系统是开展松辽流域土壤水动态转化定量模拟的基本工具。

WEPSL（modeling water and energy transfer process in Song Liao river Basin）模型，是以 WEP-L 模型为基础，充分考虑东北地区气温较低，分布有季节性冻土，以及国际界河流域划分不规整的特点，嵌入了冻土层水热耦合关系模块，并改进了流域边界划分，形成了能够较为系统的模拟流域内供（输）水、用（耗）水和排水以及回用等社会侧支水循环过程，及入渗、补给、蒸发、深层渗漏等自然水循环过程的二元水循环模拟模型。此模型能够较为科学地实现对寒区水循环过程的模拟和基于水循环成果的水资源动态转化的定量研究。

该模型的基本结构见第 3 章，在垂直方向上，将坡面分为 9 层，分别为植被或建筑物截留层、地表洼地储留层、土壤表层（3 层）、过渡层、浅层地下水层、难透水层和承压水层。在平面结构上，为考虑计算单元内土地利用的不均匀性，采用"马赛克"法，将土地利用归纳数类，分别计算各类土地类型的地表热通量。对于土地利用分类具体包括以下 5 类，分别为裸土植被域、灌溉农田、非灌溉农田、水域和不透水域；对于裸土植被域又进一步分为裸土、林地和草地 3 类；不透水域分为都市地面和城市建筑物两类。

为能够更加全面地反映流域的水循环特点，在具体模型的模拟过程中，以流域水系的天然汇流关系和河道水力关系为基础，按天然子流域和考虑流域高程变化的等高带两个层次进行。

（1）天然子流域单元。采用来自美国地质调查局（USGS）的 HYDRO 1km 的 DEM 数据，首先采用 ArcHydro 进行河网提取和处理；然后综合分析流域国际界河以及流出边界、出流海岸线特点，在采用释放方法对 DEM 进行扩大后，采用改进的 Pfafstetter 编码程序对全流域进行河段编码及子流域划分。全流域按照 1000m×1000m 的网格，共划分为 22 087 个子流域，各子流域的平均面积约为 56.1km²。

（2）基本计算单元等高带。考虑子流域的面积较大，其中的地形地貌复杂，难以适用于精细的分布式水循环过程模拟，尤其是在主要产汇流的山丘区。为此，在子流域划分的基础上，针对流域内山丘区，结合其高程特点，按照一个子流域最多可能有 11 个高程带，最少有 1 个高程带的原则，进一步对子流域进行基本计算单元划分。全流域共划分为 72 795 个基本计算单元。具体的单元格划分如图 6-9 所示。

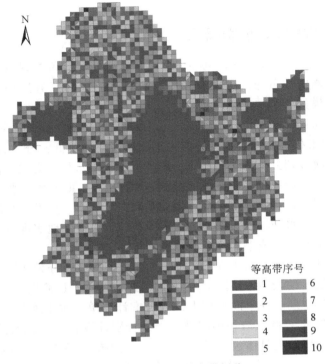

等高带序号

1 6
2 7
3 8
4 9
5 10

图 6-9　松辽流域等高带划分

6.2.2　基础数据的准备与处理

实现二元水循环全过程模拟需要大量的信息，概括而言主要包括：水文气象资料、土地利用信息、水文地质资料、土壤类型资料以及地表高程信息。

（1）水文气象资料，主要包括降水资料、径流资料以及其他气象资料。

降水资料：按照计算的要求，收集整理的主要水文数据包括两类，一是 1956~2005 年 50 年 440 个雨量站点逐日降水信息；二是面雨量遥感信息，主要用于站点信息空间展布的校核。对于站点信息可通过距离加权反比法实现对降水量的空间展布处理。

径流资料：以松辽流域水资源综合规划成果为基础，收集了流域 1956~2000 年 45 年系列干支流共 90 个水文站逐月的实测和还原径流资料（主要包括松花江区 64 个，辽河区 26 个及其他典型站点资料），以及近 5 年部分实测站点资料。

其他气象资料：包括 1956~2000 年逐日的气象要素信息，主要有日照、气温、水汽压、相对湿度、风速，其中 1956～1990 年黄河流域气象站点为 212 个，1991～2006 年气象站点为 125 个。

（2）土地利用信息。土地利用信息包括两部分：一是按照我国土地遥感的分类，利用历史统计数据（调查数据），根据地区土地利用演变趋势，进行历史系列土地利用资料插补分类统计；二是直接采用了中国科学院基于多期 Landsat TM 影像获得的空间分别率为 30m 的 1990 年、2000 年全国分县土地利用信息，结合地面调查统计，获得 1990～2000 年的插补数据。

（3）土壤信息与植被指数。土壤信息采用全国第二次土壤普查资料。其中，土壤分布图有比例尺分别为 1∶100 万和 1∶10 万两套。土层厚度和土壤质地均采用《中国土种志》中的"统计剖面资料"。在此基础上，通过土层厚度对机械组成进行加权平均处理和空间插值处理获得模型需要的数据。

植被指数包括 1980～2000 年 21 年、地面分辨率为 8km 的逐旬 NOAA/AVHRR 影像，用于提取植被指数、植被盖度和叶面积指数等相关植被信息。

（4）水文地质信息。松辽流域水文地质参数分布（u 值、K 值）均采用《松辽流域水资源综合规划》中的相关资料。参数包括土壤孔隙含水量、给水度、导水率和地下水埋深（多年平均和 2000 年）；岩性分区采用《中国水文地质分布图》的分区资料；含水层厚度采用《中国水文地质分布图》的分区资料。

（5）其他类型的资料，主要包括流域内的大中型水库、灌区分布等水利工程信息以及经济社会发展指标等相关信息。

6.2.3 模型的模拟

通过基础数据资料的准备和前期处理工作后，经过长系列模型的校验和参数率定，可实现对流域水循环的全面模拟。对于流域土壤水资源评价，选择 50 年（1956～2006 年）历史系列年水文气象资料，历史系列年下垫面、分离人工取用水过程（以避免地表水与土壤水之间的重复计算）的天然水循环过程的连续模拟计算后，基于水循环全过程的精细模拟可全面确定二元水循环条件下的土壤水资源的动态演变特征。

在具体模拟过程中，取 1956～1979 年为模型参数的率定期，1980～2005 年为模型的校正期。在模型参数的校正中，通过对模型系统参数灵敏度分析后，选择敏感度高的参数开展模型参数的率定和模型的校验。本书主要校验的参数包括土壤饱和导水系数、河床材料透水系数和 Manning 糙率、各类土地利用的洼地最大截留深以及地下水含水层的传导系数及给水度等。

校验的基本原则，以模拟期年均径流量误差尽可能小，Nash 系数尽可能大，以及模拟流量与观测流量的相关系数尽可能大的校验准则进行率定。在具体校验中，主要根据收集到的松辽流域 44 个主要水文测站 50 年逐月天然与天然（还原）径流系列进行。下面仅列出历史系列年下垫面、分离人工取用水过程的天然水循环模拟结合于还原河川径流过程的比较，结果见表 6-4。

表 6-4　天然河川径流量校验

水文站	率定期（1980～2005 年）		验证期（1956～1979 年）	
	相对误差/%	Nash 系数	相对误差/%	Nash 系数
大赉（嫩江）	3.30	0.9	-8.80	0.7
扶余（第二松花江）	2.80	0.78	3.70	0.79
哈尔滨（松花江干流）	0.40	0.9	-5.10	0.76
佳木斯（松花江干流）	3.80	0.89	-0.40	0.85
铁岭（辽河）	1.40	0.81	-9.40	0.65
辽中（辽河）	4.70	0.82	-10.10	0.62
唐马寨（太子河）	-0.10	0.92	-3.10	0.71
沙尖子（浑江）	-2.80	0.89	3.80	0.88

由表 6-4 可知，率定期各主要控制断面相对误差都在 5% 以内，月径流过程 Nash 系数基本维持在 0.8 以上，取得了良好的模拟效果。在此参数下，验证期模拟效果有所降低，特别是在辽河干流的铁岭站和辽中站，验证期径流模拟结果明显偏小。在其他地方，该模型也对地下水和土壤温度等进行了验证。总体上证明了模型对于还原径流模拟的科学性和适用性。

有关模型的结构、参数率定以及详细的验证结果参见《松辽流域水资源全口径评价及旱情预测关键技术研究》。

6.3　历史下垫面松辽流域土壤水资源量

6.3.1　土壤水资源总量

由表 6-5 可知，在历史系列年下垫面条件下，松辽流域形成的土壤水资源总量为 2398 亿 m³，占降水的 37.1%，是相应条件下径流性狭义水资源的 1.45 倍。其中，松花江区土壤水资源为 1584 亿 m³，占降水的 33.7%，是径流量的 1.28 倍；辽河区土壤水资源为 814 亿 m³，占降水量的 46.0%，是径流量的 1.97 倍。

就降水转化为土壤水资源的转化率来看，全流域总体呈现出从东南向西北逐渐增加，与降水的空间分布基本呈相反分布的空间变化趋势。以辽河区的较大，降水量的近一半转化赋存于土壤水库，形成土壤水资源，且各流域片土壤水资源量均远远大于相应的河川径流量。

表 6-5　历史下垫面松辽流域土壤水资源量统计结果

区域	降水 /亿 m³	土壤水资源 /亿 m³	狭义水资源 /亿 m³	土壤水资源 /降水/%	土壤水资源/ 狭义水资源
松辽流域	**6467**	**2398**	**1651**	**37.08**	**1.45**
松花江流域	**4699**	**1584**	**1237**	**33.71**	**1.28**
额尔古纳河	566	177	144	31.27	1.23
嫩江	1345	659	221	49.00	2.98
第二松花江	511	183	130	35.81	1.41
松花江（三岔口以下）	1099	312	296	28.39	1.05
黑龙江干流	634	62	285	9.78	0.22
乌苏里江	346	164	83	47.40	1.98
绥芬河	55	20	15	36.36	1.33
图们江	143	7	63	4.90	0.11
辽河流域	**1768**	**814**	**414**	**46.04**	**1.97**
西辽河	504	340	34	67.46	10.00
东辽河	55	32	6	58.18	5.33
辽河干流	274	171	35	62.41	4.89
浑太河	204	78	55	38.24	1.42
鸭绿江	318	41	158	12.89	0.26
东北沿黄渤海诸河	413	152	126	36.80	1.21

　　由表 6-5 也可知各水资源二级区中土壤水资源的变化。各水资源二级区土壤水资源与全流域表现出相似的变化，除松花江区的黑龙江干流、图们江和辽河区的鸭绿江相对较小外，其他区域降水转化为土壤水资源的转化率均较大，尤以西辽河、辽河干流、和东辽河最大。由此可见，对于天然来水较少的区域，降水赋存于土壤水库中的数量极为可观。图 6-10 分别给出松花江区和辽河区降水的转化结构比例关系，直观地体现出区域土壤水资源占降水资源的绝对大比重。

　　因此，面对当前松辽流域径流性水资源分布不均，区域内水资源及生态保护面临水资源不足的显示，结合区域降水、径流性水资源和非径流性水资源的特点，加强土壤水资源的利用对缓解径流性水资源的不足有重要的意义。

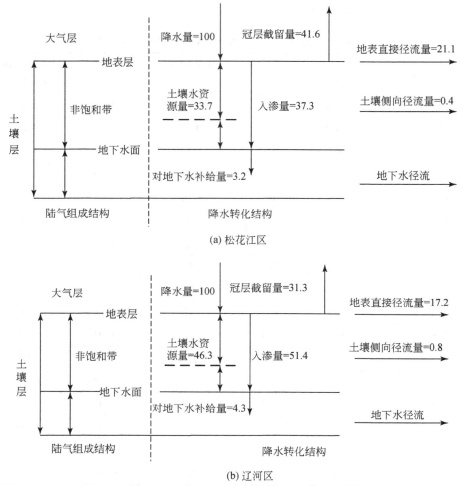

(a) 松花江区

(b) 辽河区

图 6-10 历史下垫面多年平均条件下松辽流域的降水转化结构

6.3.2 土壤水资源量的演化特征

由于土壤水资源的形成、转化受到降水数量、降水特性以及土地利用、地面植被覆盖度等因素的共同影响。降水作为土壤水库最直接的水分收入项，降水的时空变化，对土壤水资源的演变起着决定性作用。因而降水的年内、年际变化也从整体上决定了土壤水资源的转化行为。

1）年内变化

由表 6-6 可知，在年内，全流域多年土壤水资源的变化与降水相似，集中体现为：年初和年末较小，汛期（6～9月）最大。其中汛期土壤水库初期的蓄存量约占全年水资源量的65%以上，非汛期不足40%。但是，不同区域由于区域土地利用和气候差异的影响，土壤水资源的年内变化明显，松花江区分布较为集中，而辽河区的分布则相对分散，但并不像黄河流域和海河流域的规律明显。

表6-6　多年平均松辽流域土壤水资源的月内分配

区域	1月	2月	3月	4月	5月	6月	7月	8月	9月	10月	11月	12月	全年/mm
全流域/%	0	0.1	2.3	12.5	11.7	13.7	18.1	18.9	14.5	7.3	0.9	0	190.4
松花江流域/%	0	0	1.2	13.4	12.3	13.9	18	18.9	14.8	6.9	0.5	0	169.2
额尔古纳河/%	0	0	0.2	11.7	12.1	14	22.2	20.5	14.7	4.5	0	0	111.7
嫩江/%	0	0	1.1	11.8	11.2	14.1	19.6	20.8	15	6.2	0.3	0	223.9
第二松花江/%	0	0	2.4	14.9	13	14.1	15.5	16.4	14.3	8	1.1	0	247.3
松花江（三岔口以下）/%	0	0	1.5	16.8	11.4	12.8	15.5	17.2	15.4	8.6	0.6	0	167.1
黑龙江干流/%	0	0	0.2	12	21.7	13.7	16.1	15.8	14.5	5.9	0.1	0	49.9
乌苏里江/%	0	0	1	13.8	14.3	14.7	16.4	17.1	13.9	8.2	0.6	0	258.5
绥芬河/%	0	0	1.2	15.4	14.4	14.2	15.8	15.2	13.4	9.4	1	0	188.1
图们江/%	0	0	2.2	22	12.2	8.6	12.1	15.5	16	10.5	1.1	0	28.8
辽河流域/%	0	0.2	4.6	10.6	10.7	13.3	18.1	18.7	13.9	8	1.8	0.1	251.8
西辽河/%	0	0.1	3.2	9	9.3	13.9	21.5	21.8	13.7	6.6	1	0	252.1
东辽河/%	0	0.1	3.7	13.3	11.6	14.5	16.5	17.4	14	7.7	1.3	0	325.9
辽河干流/%	0	0.1	4.7	11.3	12.1	13	16.9	14	14.1	1.7	0.1		351.6
浑太河/%	0	0.3	5.7	12.8	13.3	14.4	14.8	13.5	12.8	9.6	2.7	0.1	280.7
鸭绿江/%	0	0.1	6.2	17.1	13.9	12.6	10.9	12.7	16	10.4	2.7	0.1	116.4
东北沿黄渤海诸河/%	0	0.4	7	10	10	11.7	15.7	17.2	15	10	2.8	0.2	227.1

对于不同的水资源二级区，汛期土壤水资源量均维持在全年总量的一半以上，但是以额尔古纳河区和西辽河的分布最为集中，占全年总量的70%，主要分布于7～8月。非汛期，各二级区土壤水资源所占比例呈现从北向南逐渐分散，以辽河区较大而松花江区较小的分布趋势。

降水转化为土壤水资源的转化率则呈现出双峰变化趋势，如图6-11所示，3～5月和9～11月是各流域降水转化为土壤水资源最大的阶段。结合降水量的逐月变化可知，在降水相对较小的春季和秋季是转化为土壤水资源量最高的阶段。因此，针对东北地区农作物种植情况，以及长期以来冬春季节干旱频发的区域气候特点，重视这两个时段内土壤水库水量的蓄积，加强该时段土壤水资源的合理利用和有效消耗管理对应对干旱具有重要的作用。对于"十年九旱"的辽河流域，加强此时段的土壤水资源管理尤为重要。

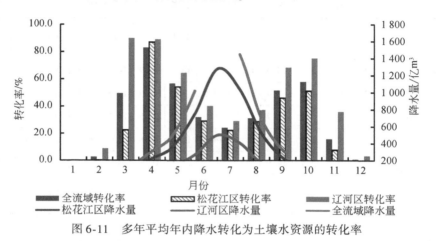

图 6-11　多年平均年内降水转化为土壤水资源的转化率

2) 年际变化

在年际间，在降水和土地利用格局变化的条件下，土壤水资源也随之改变。由图 6-12 可知，纵观 1956～2005 年 50 年的演变，土壤水资源整体上呈现随着降水量减少而下降的趋势，但在土地利用条件的作用下，下降趋势明显小于降水的

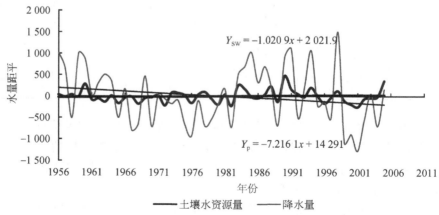

图 6-12　1956～2005 年松辽流域降水量与土壤水资源量的变化趋势

变化特性，且年际间变化明显。

在多年平均条件下，集中地体现为：20 世纪 60 年代之前和 80 年代中期到 90 年代中期土壤水库水量存余，60 年代到 80 年代初期以及 90 年代之后基本维持亏缺，且尤以 21 世纪初期的亏缺最大。结合降水的变化说明，进入 21 世纪初期，东北降水量下降，区域气候变暖，土壤水库中储水量下降是造成 2000 年和 2001 年区域干旱的重要因素。

同时，结合表 6-7 和图 6-13 可知，全流域土壤水资源的年际变化基本以 20 世纪 80 年代为分界点，之前各年代，流域土壤水资源基本维持在 2370 亿 m³ 水平；进入 80 年代，土壤水资源上升到 2460 亿 m³；到 21 世纪初期，土壤水资源量再次呈现减少趋势。各年代的变化使得 1956～2006 年 51 年系列的前 25 年全流域土壤水资源量小于后 26 年，二者相差 41 亿 m³。其中以松花江区的变化较为明显。比较不同年代的变化，松花江区呈现以 1980～2000 年 30 年间土壤水资源量较大，其他各年代略有减少；辽河区则以 70 年代和近 15 年较大，其他各年代较小的变化特点。

表 6-7　不同时段松辽流域土壤水资源量　　（单位：亿 m³）

区域	1956～2005 年	1956～1980 年	1980～2005 年	1956～1969 年	1970～1979 年	1980～1989 年	1990～1999 年	2000～2005 年
全流域	**2398**	**2378**	**2419**	**2371**	**2385**	**2409**	**2460**	**2367**
松花江流域	**1584**	**1564**	**1606**	**1569**	**1552**	**1614**	**1631**	**1547**
额尔古纳河	177	176	179	171	183	179	185	171
嫩江	659	650	668	659	638	680	683	622
第二松花江	183	181	185	182	180	186	185	181
松花江（三岔口以下）	312	306	318	308	301	315	321	318
黑龙江干流	62	61	63	61	60	60	65	62
乌苏里江	164	163	166	161	164	167	165	165
绥芬河	20	20	20	20	20	20	20	21
图们江	7	7	7	7	6	7	7	7
辽河流域	**814**	**814**	**813**	**802**	**833**	**795**	**829**	**820**
西辽河	340	338	342	335	342	329	359	332
东辽河	32	32	32	31	33	33	32	32
辽河干流	171	174	168	169	182	168	165	176
浑太河	78	77	79	77	78	79	78	82
鸭绿江	41	40	42	40	40	41	42	42
东北沿黄渤海诸河	152	153	150	150	158	145	153	156

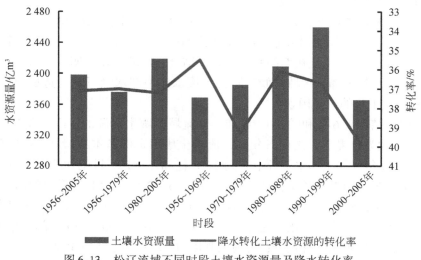

图 6-13　松辽流域不同时段土壤水资源量及降水转化率

降水转化为土壤水资源的转化率区域间差异明显。比较不同年代土壤水资源的变化与相应年代降水量的转化率（图 6-13）可知，全流域降水转化为土壤水资源的转化率以 20 世纪 70 年代和 21 世纪初的较大，且尤以 21 世纪初最大。由表 6-8 可知，不同水资源二级区，土壤水资源及其占降水的比例与全流域呈基本相似的变化。究其原因，一方面在于陆面土地利用变化的影响；另一方面在于降水结构的改变。

表 6-8　松辽流域降水转化为土壤水资源的转化率　　　　（单位：%）

区域	1956 ~ 2005 年	1956 ~ 1980 年	1981 ~ 2005 年	1956 ~ 1969 年	1970 ~ 1979 年	1980 ~ 1989 年	1990 ~ 1999 年	2000 ~ 2005 年
全流域	**37.1**	**37.0**	**37.2**	**35.5**	**39.3**	**36.1**	**36.7**	**39.9**
松花江流域	**33.7**	**33.8**	**33.6**	**32.4**	**35.9**	**32.7**	**33.5**	**35.7**
额尔古纳河	31.4	31.9	30.9	31.1	33.0	30.1	30.2	34.2
嫩江	49.0	50.0	48.2	48.3	52.6	46.9	47.3	52.4
第二松花江	35.8	35.8	35.8	34.4	37.9	34.6	36.0	37.8
松花江（三岔口以下）	28.4	28.0	28.7	26.6	30.3	27.4	29.2	30.2
黑龙江干流	9.7	9.6	9.8	9.2	10.4	9.3	9.9	10.5
乌苏里江	47.5	46.4	48.6	44.0	50.1	47.4	47.6	52.6
绥芬河	35.9	35.6	36.2	33.1	39.6	36.6	37.1	34.3
图们江	4.9	4.9	4.8	4.9	5.0	4.7	5.0	4.6

续表

区域	1956~2005 年	1956~1980 年	1981~2005 年	1956~1969 年	1970~1979 年	1980~1989 年	1990~1999 年	2000~2005 年
辽河流域	**46.0**	**45.2**	**46.8**	**43.6**	**47.5**	**45.8**	**45.4**	**51.3**
西辽河	67.4	66.9	68.0	65.1	69.4	67.4	66.8	71.2
东辽河	58.2	57.7	58.6	54.7	62.3	56.4	57.8	64.5
辽河干流	62.4	62.7	62.2	60.7	65.6	62.9	58.2	68.2
浑太河	38.3	37.5	39.1	36.4	39.0	38.2	37.5	44.0
鸭绿江	12.8	12.2	13.4	11.9	13.0	12.6	13.3	15.2
东北沿黄渤海诸河	36.8	35.6	37.9	34.4	37.3	37.0	36.0	43.5

　　总之，由不同年代土壤水资源的数量和降水的土壤水资源转化率的演变可知，无论在何年代，松辽流域土壤水资源均在降水中占有较大的比重，尤其是辽河区在降水较少的年份，其转化率更大。因此，对于松辽流域大力发展粮食生产和实现生态保障的现实需求，土壤水资源又是农业生产中最直接的水分源泉，结合年内土壤水的补给和消耗结构，加强对土壤水资源的利用与管理对于缓解水资源的不足以具有重要的作用。

6.4　历史下垫面松辽流域土壤水资源消耗结构和消耗效率

　　结合土壤水资源的动态转化特性可知，合理利用土壤水资源重在对其蒸发蒸腾消耗量和降水入渗补给量的合理调控。蒸发蒸腾，作为其主要的消耗形式，且最终全部被消耗，又是最直接地体现更深层次水资源需求管理的有机组成。而在此过程中，土壤水资源的消耗结构和所发挥的作用与区域的土地利用和植被覆盖度密切相关。为能够更加合理地对土壤水资源加以调控，下面根据流域的土地利用和不同阶段的植被覆盖度将土地利用分类，对不同土地利用结构下的土壤水资源的消耗结构和消耗效率进行初步分析。

6.4.1　土壤水资源消耗结构分析

　　由表 6-9 可知，在历史系列年下垫面无人工取用水条件下，全流域土壤水资源量为 2398 亿 m^3，其中用于植被蒸腾的消耗量为 541.4 亿 m^3，占土壤水资源总量的 22.6%，用于植被棵间和难利用土地的土壤蒸发量共计 1856.3 亿 m^3，占土壤水资源总量的 77.4%。蒸腾量与蒸发量比为 1:3.4。

表 6-9　历史系列年下垫面多年平均条件下松辽流域土壤水资源的消耗结构

区域	面积 /km²	土壤水资源量		植被蒸腾消耗		土壤蒸发消耗		植被蒸腾量/土壤水资源量/%	土壤蒸发量/土壤水资源量/%
		/mm	/亿 m³	/mm	/亿 m³	/mm	/亿 m³		
全流域	**125.9**	**190.4**	**2398**	**43.0**	**541.4**	**147.4**	**1856.3**	**22.6**	**77.4**
松花江流域	**93.6**	**169.2**	**1584**	**38.9**	**364.1**	**130.3**	**1219.8**	**23.0**	**77.0**
额尔古纳河	15.8	111.7	177	11.7	18.5	100.1	158.6	10.5	89.5
嫩江	29.4	223.9	659	61.7	181.7	162.3	477.7	27.5	72.4
第二松花江	7.4	247.3	183	70.1	51.9	176.7	130.8	28.4	71.6
松花江（三岔口以下）	18.7	167.1	312	30.9	57.7	136.2	254.3	18.5	81.5
黑龙江干流	12.4	49.9	62	2.7	3.4	46.9	58.5	5.5	94.5
乌苏里江	6.3	258.5	164	77.4	49.1	181.4	115.1	29.9	70.1
绥芬河	1.1	188.1	20	15.1	1.6	171.2	18.2	8.2	91.8
图们江	2.4	28.1	7	0.8	0.2	28.0	6.8	2.3	97.7
辽河流域	**32.3**	**251.8**	**814**	**54.8**	**177.3**	**196.9**	**636.5**	**21.8**	**78.2**
西辽河	13.5	252.1	340	48.1	64.5	203.8	274.9	19.1	80.9
东辽河	1.0	325.9	32	105.9	10.4	221.0	21.7	32.4	67.6
辽河干流	4.9	351.6	171	121.7	59.2	230.5	112.1	34.5	65.5
浑太河	2.8	280.7	78	64.4	17.9	217.0	60.3	22.9	77.1
鸭绿江	3.5	116.4	41	17.3	6.1	98.6	34.7	15.0	85.0
东北沿黄渤海诸河	6.7	227.1	152	28.1	18.8	198.4	132.8	12.4	87.6

结合表 6-10 可知，对于植被覆盖区域，其土壤水资源的消耗以农田最大，林地次之，草地最小，分别为 787.0 亿 m³、750.7 亿 m³ 和 406.2 亿 m³。但是不同植被由于覆盖度不同，蒸腾量和土壤蒸发差异较大。全流域表现为林地的蒸腾量最大，为 225.8 亿 m³，占植被域土壤水资源消耗量的 11.6%，农田棵间土壤蒸发最大，为 565.6 亿 m³，占植被域土壤水资源消耗量的 29.1%。

在时间上，1956～1979 年的前 24 年和 1980～2005 年的后 26 年相比，全流域土壤水资源呈增加趋势，且用于植被蒸腾的消耗量略有增加，但消耗于土壤蒸发的量却增加较多。

表6-10　多年平均条件下松辽流域植被覆盖区土壤水资源的消耗结构

（单位：亿 m³）

区域	林地		草地		农田	
	蒸腾	棵间土壤蒸发	蒸腾	棵间土壤蒸发	蒸腾	棵间土壤蒸发
全流域	**225.8**	**524.9**	**94.3**	**311.9**	**221.4**	**565.6**
松花江流域	**161.4**	**410.0**	**58.0**	**216.6**	**145.0**	**367.2**
额尔古纳河	9.3	49.8	8.1	64.2	1.3	4.6
嫩江	79.6	111.4	36.2	119.9	65.9	148.8
第二松花江	21.8	46.6	4.0	2.7	26.1	56.4
松花江（三岔口以下）	23.6	105.0	4.8	8.3	29.4	105.0
黑龙江干流	2.8	43.4	0.3	8.3	0.3	2.5
乌苏里江	23.2	33.9	4.3	12.5	21.5	46.8
绥芬河	1.1	14.6	0.1	0.2	0.4	1.8
图们江	0.0	5.3	0.1	0.6	0.2	0.5
辽河流域	**64.4**	**114.9**	**36.4**	**95.4**	**76.4**	**198.5**
西辽河	18.2	20.0	24.0	87.4	22.7	55.8
东辽河	2.8	2.1	0.5	2.6	7.1	15.1
辽河干流	24.5	9.9	6.9	2.6	27.7	59.2
浑太河	9.3	26.5	1.3	2.6	7.4	21.3
鸭绿江	4.0	23.0	0.6	0.5	1.5	4.1
东北沿黄渤海诸河	5.7	33.3	3.0	3.3	10.2	43.1

不同水资源二级区也表现出相似的规律。在多年平均条件下，松花江区，消耗于植被蒸腾和土壤蒸发的土壤水资源量分别为 364 亿 m³ 和 1219.8 亿 m³，占其土壤水资源的 23% 和 77%。辽河区，植被蒸腾量为 177.3 亿 m³，土壤蒸发量为636.5 亿 m³，分别占土壤水资源量的 21.8% 和 78.2%。对松花江和辽河两流域片区中不同水资源二级区域，土壤水资源的消耗植被蒸腾和土壤蒸发的差异并不明显。但对于不同植被的消耗却明显不同。

松花江区，植被蒸腾量为 364 亿 m³，消耗于林地、草地和农田的分别为 161.4亿 m³、58.0 亿 m³ 和 145.0 亿 m³，占全区域总蒸发蒸腾量的 11.9%、4.3% 和10.7%。在空间上，由于区域植被类型的不同以及植被覆盖度的变化，这三大类型植被蒸腾所占的比例基本上呈现从北向南逐渐减少的趋势，其中林地蒸腾以乌苏里江为最大，占总蒸发蒸腾量的 16.3%；草地蒸腾以嫩江最大，占总蒸发蒸腾量的 6.5%；农田蒸腾则以第二松花江区为最大，占总蒸发蒸腾量的 16.6%。在时间上，比较前 24 年和后 26 年，植被蒸腾整体呈增加趋势，且以林地和农田的增加较大，草地在减少。

辽河区，植被蒸腾量为 177.3 亿 m³，消耗于林地、草地和农田的分别为 64.4 亿 m³，36.3 亿 m³ 和 76.4 亿 m³，占区域植被域总蒸发蒸腾量的 11%、6.2% 和 13.0%。在空间上，由于区域植被类型的不同以及植被覆盖度的变化，全区域呈现辽河干流的蒸腾最大，分别向上下游递减的趋势。但不同区域植被的消耗结构并不相同，以辽河干流区林地蒸腾消耗量最大，西辽河草地蒸发蒸腾最大，东辽河农田蒸腾占有量最大的分布格局。在时间上，与松花江区呈现相似的变化。

对于植被域土壤蒸发，松花江区共计 993.7 亿 m³，其中消耗于林地为 410.0 亿 m³，草地为 216.6 亿 m³ 和农田为 367.2 亿 m³，分别占区域总蒸发蒸腾量的 30.2%、16% 和 27.1%。在空间上，各水资源二级区的植被域上的土壤蒸发量均超过 60%。由于各流域土地利用方式的不同，对于林地、草地和农田的土壤蒸发整体上呈现黑龙江干流以下区域以林地相对较大，嫩江区域以草地最大，第二松花江区则以农田最大的趋势。在时间上，整体呈减少趋势，前 24 年和后 26 年相比，约下降 43.7 亿 m³。

辽河区，植被域土壤蒸发共计 408.8 亿 m³，其中林地为 114.9 亿 m³，草地为 95.4 亿 m³，农田为 198.5 亿 m³，分别占区域总蒸发蒸腾量的 19.6%、16.3% 和 33.9%。在空间上，均超过一半。不同区域林地、草地和农田的土壤蒸发呈现浑太河、鸭绿江和东北沿黄渤海诸河区域以林地相对较大，西辽河以草地最大，东辽河和辽河干流区以农田较大的趋势。在时间上，区域植被域上土壤蒸发消耗量增加，且集中在林地和农田覆盖的区域。

各区域土壤水资源的消耗数量和消耗结构详细统计结果见表 6-9 ~ 表 6-11。

表 6-11 不同时段流域土壤水资源及其消耗结构 （单位：亿 m³）

时段	区域	土壤水资源	林地		草地		农田	
			植被蒸腾	棵间土壤蒸发	植被蒸腾	棵间土壤蒸发	植被蒸腾	棵间土壤蒸发
前 24 年平均 (1956 ~ 1979 年)	全流域	2376	219	521	95	316	210	559
	松花江区	1562	157	406	58	220	136	362
	辽河区	814	63	115	37	96	73	197
后 26 年平均 (1980 ~ 2005 年)	全流域	2419	232	517	93	308	229	529
	松花江区	1605	166	402	58	214	151	329
	辽河区	814	66	115	36	95	78	200

6.4.2　土壤水资源消耗效率分析

由于松辽流域区域间和时间上植被覆盖率不同，从而使得土壤水资源的消耗结构和消耗效率变化较大。以下结合历史系列下垫面土地利用状况，依据土壤水资源消耗效率的界别标准，分析了松辽流域历史系列下垫面多年平均条件下土壤水资源的消耗效率。

由表6-12和表6-13可知，在近50年平均条件下，松辽流域用于生产性消耗的土壤水资源量为1469.2亿m³，占土壤水资源量的61.3%，非生产性消耗为928.8亿m³，占土壤水资源量的38.7%。在生产性消耗中，高效消耗为539.6亿m³，低效消耗为929.7亿m³，分别占土壤水资源量的22.5%和38.8%。

表6-12　多年平均松辽流域土壤水资源消耗效率

流域分区	土壤水资源量/亿 m³	生产性消耗			非生产性消耗/亿 m³	生产性消耗/总土壤水资源			非生产性消耗/总土壤水资源/%
		总量/亿 m³	高效消耗/亿 m³	低效消耗/亿 m³		总量/%	高效消耗/%	低效消耗/%	
全流域	2398	1469.2	539.6	929.7	928.8	61.3	22.5	38.8	38.7
松花江流域	1584	1020.2	363.2	657.0	564.1	64.4	22.9	41.5	35.6
额尔古纳河	177	76.3	18.7	57.6	101.1	43.0	10.5	32.5	57.0
嫩江	659	434.1	181.7	252.5	225.3	65.8	27.6	38.3	34.2
第二松花江	183	132.8	51.9	80.9	50.0	72.7	28.4	44.3	27.3
松花江（三岔口以下）	312	214.1	57.7	156.4	97.8	68.6	18.5	50.2	31.4
黑龙江干流	62	32.2	3.4	28.8	29.5	52.2	5.5	46.7	47.8
乌苏里江	164	116.5	48.1	68.4	47.7	70.9	29.3	41.6	29.1
绥芬河	20	10.8	1.6	9.2	9.1	54.3	8.2	46.1	45.7
图们江	7	3.4	0.2	3.3	3.5	49.7	2.3	47.5	50.3
辽河流域	814	449.0	176.4	272.6	364.7	55.2	21.7	33.5	44.8
西辽河	340	150.9	64.9	86.0	188.9	44.4	19.1	25.3	55.6
东辽河	32	26.3	10.4	15.9	5.8	82.0	32.4	49.6	18.0
辽河干流	171	121.7	58.3	63.5	49.5	71.1	34.0	37.1	28.9
浑太河	78	51.5	17.9	33.6	26.7	65.8	22.9	42.9	34.2
鸭绿江	41	20.8	6.1	14.6	20.1	50.8	15.0	35.9	49.2
东北沿黄渤海诸河	152	77.8	18.8	59.0	73.8	51.3	12.4	38.9	48.7

表 6-13 不同时段松辽流域土壤水资源消耗效率

| 时段 | 区域 | 生产性消耗 | | | 非生产性消耗/亿 m³ | 生产性消耗/总土壤水资源 | | | 非生产性消耗/总土壤水资源/% |
		总量/亿 m³	高效消耗/亿 m³	低效消耗/亿 m³		总量/%	高效消耗/%	低效消耗/%	
前24年平均(1956~1979年)	全流域	1444.7	524.4	920.3	931.2	60.8	22.1	38.7	39.2
	松花江区	1000.3	351.3	649.0	561.6	64.0	22.5	41.5	36.0
	辽河区	444.4	173.1	271.3	369.5	54.6	21.3	33.3	45.4
后26年平均(1980~2005年)	全流域	1439.0	553.5	885.5	979.5	59.5	22.9	36.6	40.5
	松花江区	985.8	374.2	611.6	619.2	61.4	23.3	38.1	38.6
	辽河区	453.2	179.4	273.9	360.3	55.7	22.0	33.7	44.3

在时间上，前24年和后26年相比，全流域土壤水资源的消耗效率呈现生产性消耗变化并不明显，非生产性消耗增加，在生产性消耗中以低效消耗减少，高效消耗略有增加的特点。这可能在于近年来退耕还林还湿等的变化有关。在空间上，以松花江区的生产性消耗所占比例较大，占区域土壤水资源总量的64.4%；辽河区的略有减少，占区域土壤水资源量的55.2%。

松花江区，土壤水资源的生产性消耗共计1020.2亿 m³，其中高效消耗为363.2亿 m³，低效消耗为657.1亿 m³，分别占土壤水资源量的22.9%和41.5%。各水资源二级区，生产性消耗量均维持其土壤水资源量的50%以上，但绝大部分以低效形式被消耗，高效消耗量不足总消耗量的30%。前24年和后26年的变化相比，与全流域相似，低效消耗减少，高效消耗略有增加。

辽河区，土壤水资源的生产性消耗共计449亿 m³，其中高效消耗为176.4亿 m³，低效消耗为272.6亿 m³，分别占土壤水资源量的22.7%和33.5%。各水资源二级区，生产性消耗量也均维持在50%以上，但绝大部分以低效形式被消耗，高效消耗量不足总消耗量的35%。前24年和后26的变化体现为：以高效消耗、低效消耗均略有增加，而非生产性消耗略有减少的变化特点。

比较松花江区和辽河区土壤水资源的消耗结构和消耗效率可知，尽管各流域土壤水资源的消耗效率在整体上有所提高，但是生产性消耗和非生产性消耗占土壤水资源的比例整体相似。对于生产性消耗中的高效消耗，而流域相比，以辽河区的较大。结合其他流域的变化也可知，松辽流域土壤水资源在农业和生态环境中已发挥了极大的作用，且尤其以水资源匮乏的辽河区域最为明显。但是，目前水资源的低效和无效消耗仍占有较大的比例。

6.5　现状下垫面土壤水资源的数量及消耗特点

为更好地了解现实，并采取更加切实可行的措施，下面又分析模拟了长系列（1956～2006年）水文气象和现状下垫面（2005年）条件下，全流域的土壤水资源的数量及其动态转化结构。

6.5.1　土壤水资源数量

由表6-14可知，在现状下垫面条件下，松辽流域形成的土壤水资源量为2393亿 m^3，占降水量的37%，是现状条件下径流性狭义水资源的1.4倍。其中，松花江区，土壤水资源量为1580亿 m^3，占降水量的33.6%；辽河区，土壤水资源量为813亿 m^3，占降水量的46.0%。

相比于历史系列下垫面条件，尽管降水转化为土壤水资源的比例变化并不明显，但降水的转化结构却发生改变，且区域间差异明显。全流域土壤水资源减少了5亿 m^3，径流性水资源增加了15亿 m^3。其中，松花江区，土壤水资源量减少了4亿 m^3，径流性狭义水资源增加了13亿 m^3；辽河区土壤水资源减少了1亿 m^3，径流性狭义水资源增加了2亿 m^3。不同水资源二级区的变化见表6-14。

表6-14　不同下垫面条件下松辽流域不同类型水资源的变化

（单位：亿 m^3）

区域	土壤水资源			狭义水资源		
	历史下垫面	现状下垫面	历史与现状下垫面之差	历史下垫面	现状下垫面	历史与现状下垫面之差
松辽流域	**2398**	**2393**	**5**	**1651**	**1666**	**−15**
松花江流域	**1584**	**1580**	**4**	**1237**	**1250**	**−13**
额尔古纳河	177	177	0	144	145	−1
嫩江	659	657	2	221	223	−2
第二松花江	183	183	0	130	130	0
松花江（三岔口以下）	312	311	1	296	300	−4
黑龙江干流	62	62	0	285	287	−2
乌苏里江	164	163	1	83	88	−5
绥芬河	20	20	0	15	14	1
图们江	7	7	0	63	63	0
辽河流域	**814**	**813**	**1**	**414**	**416**	**−2**

区域	土壤水资源			狭义水资源		
	历史 下垫面	现状 下垫面	历史与现状 下垫面之差	历史 下垫面	现状 下垫面	历史与现状 下垫面之差
西辽河	340	339	1	34	36	−2
东辽河	32	32	0	6	6	0
辽河干流	171	171	0	35	38	−3
浑太河	78	79	−1	55	53	2
鸭绿江	41	41	0	158	157	1
东北沿黄渤海诸河	152	151	1	126	126	0

造成如此变化的原因，可能在于松花江区近年来土地大量开垦，土壤涵养水源的能力下降，使得径流性水资源增加，土壤水资源总体下降。尽管如此，在现状条件下土壤水资源较历史系列有所下降，但是仍占降水的绝大比例，尤其是干旱的区域更加明显。

6.5.2 土壤水资源的消耗特点

由表6-15可知，在现状下垫面无人工取用水条件下，全流域土壤水资源量为2393亿m³，其中消耗于植被的蒸腾量为532亿m³，占土壤水资源总量的22.2%，用于植被棵间和难利用土地的土壤蒸发量共计1861亿m³，占土壤水资源总量的77.8%。蒸腾量与蒸发量比为1:3。其中，松花江区植被蒸腾消耗为356亿m³，土壤蒸发消耗为1224亿m³；辽河区植被蒸腾消耗和土壤蒸发消耗分别为176亿m³和637亿m³。

与历史系列下垫面相比，全流域土壤水资源消耗结构中呈植被蒸腾略有下降，土壤蒸发略有增加的趋势。不同区域差异明显。其中，松花江区，土壤水资源消耗结构的变化整体上与全流域相似，而辽河区则相反。但是以上各流域的变化并不十分显著。

对于现状条件下不同水资源二级区的土壤水资源消耗结构见表6-15。

总之，通过不同下垫面土地利用条件下土壤水资源数量及其消耗结构的变化格局可知，松辽流域土壤水资源量较大，对全面缓解流域径流性水资源具有重要的作用，特别是对全流域农业发展和陆面生态保护具有重要的意义。然而，全流域土壤水资源的利用效率整体较低，生产性消耗中的低效消耗和非生产性消耗占有较大比例（共计约77%）。因此，在重视土壤水资源利用的过程中，应以提高其生产性低效消耗和改变非生产性消耗的方式为重点。

表 6-15　现状下垫面条件下松辽流域土壤水资源消耗结构

区域	土壤水资源量		植被蒸腾消耗		土壤蒸发消耗		植被蒸腾/土壤水资源总量/%	土壤蒸发/土壤水资源总量/%
	/mm	/亿 m³	/mm	/亿 m³	/mm	/亿 m³		
全流域	190	2393	42.2	532	147.8	1861	22.2	77.8
松花江流域	168.8	1580	38	356	130.8	1224	22.5	77.5
额尔古纳河	111.7	177	11.3	18	100.4	159	10.1	89.9
嫩江	223.2	657	59.8	176	163.4	481	26.8	73.2
第二松花江	247.3	183	70.3	52	177	131	28.4	71.6
松花江（三岔口以下）	166.6	311	30.5	57	136	254	18.3	81.7
黑龙江干流	49.9	62	2.4	3	47.5	59	4.8	95.2
乌苏里江	256.9	163	75.7	48	181.3	115	29.4	70.6
绥芬河	188.1	20	18.8	2	169.3	18	10	90
图们江	28.8	7	0	0	28.8	7	0	100
辽河流域	251.5	813	54.4	176	197.1	637	21.6	78.4
西辽河	251.3	339	46.7	63	204.6	276	18.6	81.4
东辽河	325.9	32	112	11	213.9	21	34.4	65.6
辽河干流	351.6	171	123.4	60	228.2	111	35.1	64.9
浑太河	284.3	79	64.8	18	219.5	61	22.8	77.2
鸭绿江	116.4	41	17	6	99.4	35	14.6	85.4
东北沿黄渤海诸河	225.6	151	26.9	18	198.7	133	11.9	88.1

　　对于松花江区，应结合其土地利用条件和水资源状况，一方面要增加植被的覆盖度，减少棵间无效和低效消耗；另一方面要调整种植结构，进一步提高土壤水资源的高效消耗，以全面提高土壤水资源的利用。因为在现状下垫面条件下，土壤水资源的生产性消耗略显下降。

　　对于辽河区，由于该区域地处干旱高发区，应结合年内土壤水资源的动态转化中补给和消耗的变化特性，在土壤水资源合理利用方面：一方面，增加降水转化为土壤水资源的补给，减少冬春季节土壤水资源的无效消耗，增加土壤水库的蓄存量；另一方面，要增加植被覆盖度减少非生产性消耗，推广各种节水措施，以减少棵间无效和低效消耗。

6.6 本章小结

本书结合松辽流域"自然—社会"二元水循环演化的特点和存在问题，以"十一五"国家科技支撑计划项目课题"松辽流域全口径水资源评价及旱情预测技术研究"开发的松辽流域二元水循环模型（WEPSL）为基本工具，针对1956~2005年50年水文气象条件下历史系列年下垫面和现状（2005年下垫面）分离人工取用水条件进行的水循环要素开展了全面模拟后，对流域土壤水资源的数量、消耗结构和消耗效率进行了初步评价。主要结论如下：

1）历史下垫面条件下土壤水资源量及其时空演变特点

历史下垫面条件下，松辽流域土壤水资源量为2398亿 m^3，占降水量的37.1%，是相应条件径流性水资源的1.45倍。就降水转化为土壤水资源的转化率来看，全流域总体呈现出从东南向西北逐渐增加，与降水的空间分布基本呈相反的空间变化趋势。以辽河区的较大，降水量的近一半转化赋存于土壤水库，形成土壤水资源，且各流域片土壤水资源量均远远大于相应的河川径流量。

在时间上，50年呈现随着降水量同步变化的基本特性，整体呈现随着降水量减少而下降的演变格局。相对于多年平均值集中地体现为：20世纪60年代之前和80年代中期到90年代中期土壤水库水量存余，60年代到80年代初期以及90年代之后基本维持亏缺，且尤以21世纪初期的亏缺最大。在年内，土壤水资源集中体现为：年初和年末较小，汛期（6~9月）最大，约占全年水资源量的65%以上，而非汛期小的趋势。

在空间上，松花江区，土壤水资源量为1584亿 m^3，占降水量的33.7%，是径流性水资源的1.28倍；辽河区，土壤水资源量为814亿 m^3，占降水量的46.0%，是径流性水资源量的1.97倍。在年际间，松花江区以1980~2000年土壤水资源量较大，辽河区则以20世纪70年代和近15年较大；在年内，各区域与全流域相似，但以松花江区分布较为集中，而辽河区的分布则相对分散的变化特征。

就其补给过程，降水转化为土壤水资源的转化率而言，全流域总体呈现出从东南向西北逐渐增加，与降水的空间分布基本呈相反的空间分布趋势。在辽河区，降水量的近一半转化为赋存于土壤水库的土壤水资源，且各流域片土壤水资源量均大于相应的河川径流量。在多年平均条件下，松花江区约有30%的降水转化为土壤水资源。在时间上，全流域降水转化为土壤水资源的转化率以20世纪70年代和21世纪初的较大，且尤以21世纪初转化率最大，而在年内呈现出双峰转化率变化特征，3~5 月和 9~11 月是各流域降水转化为土壤水资源最大的时期。

2）历史下垫面条件下土壤水资源的消耗结构和消耗效率

消耗结构方面：历史下垫面条件下全流域土壤水资源量为 2398 亿 m^3，其中消耗于植被的蒸腾量为 541.4 亿 m^3，占土壤水资源总量的 22.6%；用于植被棵间和难利用土地的土壤蒸发量共计 1856.3 亿 m^3，占土壤水资源总量的 77.4%。蒸腾量与蒸发量比为 1：3.4。

其中，在植被域土壤水资源消耗中，以农田最大，林地次之，草地最小，分别为 787 亿 m^3、750 亿 m^3 和 406 亿 m^3；对于不同植被由于盖度蒸腾量和土壤蒸发差异较大。全流域表现为林地的蒸腾量最大，为 226 亿 m^3，占植被域土壤水资源消耗量的 11.6%；农田棵间土壤蒸发最大，为 566 亿 m^3，占植被域土壤水资源消耗量的 29.1%。

在时间上，前 24 年和后 26 年相比，全流域土壤水资源呈增加趋势，且用于植被蒸腾的消耗量略有增加，但消耗于土壤蒸发的量增加较多。其中，对于植被域蒸腾，比较前后 24 年和 26 年相比呈增加趋势，且以林地和农田的增加较大，草地在减少。对于植被域土壤蒸发，土壤蒸发量均超过 60%，但前 24 年和后 26 年相比呈下降趋势。

在空间上，松花江区土壤水资源的 23% 消耗于植被蒸腾，77% 消耗于土壤蒸发；辽河区也有 21.8% 消耗于植被蒸腾，78.2% 消耗于土壤蒸发。对于植被域蒸腾，林地、草地和农田三大类型植被蒸腾所占的比例基本上呈现从北向南逐渐减少的趋势。

消耗效率方面：松辽流域用于生产性消耗的土壤水资源量为 1469.2 亿 m^3，占土壤水资源量的 61.3%，非生产性消耗为 928.8 亿 m^3，占土壤水资源量的 38.7%。在生产性消耗中，其中高效消耗为 539.6 亿 m^3，低效消耗为 929.7 亿 m^3，分别占土壤水资源量的 22.5% 和 38.8%。

在时间上，前 24 年和后 26 年相比，全流域生产性消耗中中低效消耗减少，高效消耗略有增加，非生产性消耗增加。

在空间上，松花江区土壤水资源的生产性消耗共计 1020.2 亿 m^3，占区域土壤水资源量的 64.4%，非生产性消耗占 35.6%。在生产性消耗中，绝大部分以低效形式被消耗，高效消耗和低效消耗分别占土壤水资源量的 22.9% 和 41.5%。前 24 年和后 26 年的变化相比，与全流域相似，低效消耗减少，高效消耗略有增加。

在辽河区，土壤水资源的生产性消耗共计 449 亿 m^3，占区域土壤水资源量的 55.2%，非生产性消耗占 44.8%。在生产性消耗中，各二级区，生产性消耗量也均维持在50%以上，但绝大部分以低效形式被消耗，高效消耗量不足35%。前24年和后26年的变化体现为：以高效消耗、低效消耗均略有增加，而非生产性消耗略有减少的变化特点。

比较松花江区和辽河区，生产性消耗和非生产性消耗占土壤水资源的比例整体相似，但是生产性消耗中的高效消耗以辽河区的较大。前24年和后26的变化体现为：以高效消耗、低效消耗均略有增加，而非生产性消耗略有减少的变化特点。

3）现状下垫面条件下土壤水资源的数量和消耗特点

在现状下垫面条件下，松辽流域形成的土壤水资源量为2394亿 m^3，占降水量的37%，是现状条件下径流性狭义水资源的1.4倍。其中，松花江区土壤水资源量为1580亿 m^3，占降水量的33.6%；辽河区，土壤水资源量为813亿 m^3，占降水量的46.0%。

与历史下垫面条件下的结果相比，全流域降水转化为土壤水资源的比例变化并不明显，基本上呈现土壤水资源减少，径流性水资源增加的演变格局。

消耗结构方面：全流域用于植被蒸腾的消耗量为532亿 m^3，占土壤水资源总量的22.2%，用于植被棵间和难利用土地的土壤蒸发量共计1861亿 m^3，占土壤水资源总量的77.7%。蒸腾量与蒸发量比为1:3。其中，松花江区植被蒸腾消耗为356亿 m^3，土壤蒸发消耗为1224亿 m^3；辽河区植被蒸腾消耗和土壤蒸发消耗分别为176亿 m^3 和637亿 m^3。

与历史系列下垫面条件的结果相比，全流域土壤水资源消耗结构中呈植被蒸腾略有下降，土壤蒸发略有增加。其中，松花江区域，土壤水资源消耗结构的变化整体上与全流域相似，而辽河区略有差异的变化特征。

总之，由以上分析可知，土壤水资源在松辽流域的农业生产和生态环境建设中发挥着极为重要的作用。然而，长期以来利用效率整体较低，生产性消耗中的低效消耗和非生产性消耗占有较大比例（共计77%）。因此，在重视土壤水资源利用的过程中，应结合区域的土地利用特点，以提高生产性低效消耗和改变非生产性消耗的方式为重点。

对于松花江区，应结合其土地利用条件和水资源状况：一方面要增加植被的覆盖度，减少棵间无效和低效消耗；另一方面要调整种植结构，进一步提高土壤水资源的高效消耗，以全面提高土壤水资源的利用。

对于辽河区，在土壤水资源合理利用方面：一方面，应增加降水转化为土壤水资源的补给，减少冬春季节土壤水资源的无效消耗，增加土壤水库的蓄存量；另一方面，要增加植被覆盖度减少非生产性消耗，推广各种节水措施，以减少棵间无效和低效消耗。

第7章 土壤水资源调控策略研究

本章综合以上各章土壤水资源数量、消耗结构和效率等定量分析结果，结合我国农业水土资源状况及其对粮食生产的影响，系统分析了我国农业水资源所面临的挑战。为从根本上缓解此严峻态势，立足于农业水循环过程，提出了开展土壤水资源合理利用的基本策略和调控方向。

7.1 我国农业水土资源状况及面临的问题

水资源作为经济社会发展不可替代的基础支撑，是现代农业建设不可或缺的首要条件。由于我国水资源本底条件较差，其天然分布又与耕地及农作物生长季节极不匹配，加之经济社会高速发展条件下农转非等现象，水资源不足已经严重影响了区域的粮食生产和农业发展，而且随着粮食主产区持续向缺水和生态脆弱的北方地区转移，水土资源之间的耦合关系更加不相匹配，水资源匮乏对粮食生产的影响更加凸显。俗话说"民以食为天，食以水为先"，在经济高速发展的条件下，立足于我国水土资源现状，保障未来农业基本水资源需求成为我们亟待解决的问题。

土壤水资源作为农作物生长和陆面生态发展最直接的水源，不仅使用方便，而且数量可观，但是绝大多数区域用水效率较低。由前面的分析可知，除松花江区外，黄河流域、海河流域和辽河流域土壤水资源量均占其流域降水量的近一半，即使松花江区也维持在降水量的1/3，特别是降水量较少的地区，降水转化为土壤水资源的转化率更加突出。然而，从长系列水文气象、历史下垫面，分离人工取用水条件来看，三大流域对土壤水资源的利用效率均较低，生产性高效消耗更低，即使在节水水平较高的海河流域，土壤水资源的高效消耗率也只占土壤水资源消耗量的一半，松辽流域仅为22%，黄河流域仅为18%。若考虑目前农业和生态环境的灌溉用水，天然降水形成的土壤水资源的利用效率更低。与此同时，这些流域水资源问题突出，径流性水资源严重不足，却又分布有我国重要的商品粮生产区和粮食生产县，同时又是生态环境脆弱区域，土壤水资源的经济和生态作用越来越不容忽视。因此，立足于我国水资源现状，加强区域土壤水资源的合理利用，提高其利用效率，将成为缓解未来我国农业水资源需求的一个重要方面。

我国地处北半球，跨越了从北温带到热带三个气候区，在东西方向上又具有东部湿润气候区的滨海平原、中部半湿润半干旱气候的平原丘陵、西北部的干旱气候区的丘陵、山地过渡的地形地貌特点。特殊的地理位置、变化的地貌特点使得地区间气候及天然来水在时空上分布极不均匀，水土（耕地）资源的开发利用区域间差异较大。

在耕地资源方面，耕地作为农业生产最基本的生产资料和劳动对象，其数量、质量、空间分布格局及其受保护程度直接关系着地区的粮食生产。尽管我国幅员辽阔，农业土地资源绝对数量较大，但是由于人口众多的现实使得人均占有量较少。据统计，我国耕地人均占有量仅为 933.3m²，不足世界人均水平的一半（中华人民共和国国务院，2008），全国 666 个县人均耕地低于联合国粮农组织（FAO）确定的 0.8 亩的警戒线。再加上城镇化及工业用地挤占耕地、生态环境保护的需要，以及水土流失、次生盐渍化等自然破坏和占优补劣等不合理耕地开发利用形式的普遍存在，使得我国本已十分有限的耕地资源在数量和质量上均呈现总体下降趋势。据国土资源部统计，1996～2010 年 15 年间全国耕地面积从 19.50 亿亩减少到了 18.26 亿亩，已逼近 18 亿亩耕地红线（中华人民共和国国务院，2006）。尽管到 2005 年耕地面积锐减的势头得到控制，但是减少的趋势并没有得到根本性扭转，尤以我国东部和长江流域及其以南地区最为明显。据统计，从 1998~2003 年，农业生产条件较好的长江下游五省（自治区）、河北、山东、河南三省和东南四省粮食作物种植面积的减少量分别占全国总减少量的 22.3%、22.7% 和 18.9%，相应粮食减产量分别占全国总减产量的 26.8%、22.0% 和 17.3%（中国农学会耕作制度分会，2006）。因水土流失、贫瘠化、次生盐渍化、酸化等原因导致退化的耕地面积占耕地总面积的 40% 以上。2001~2007 年全国由于占补耕地而影响粮食生产能力达 120 亿斤以上。

与此同时，在自然和人类活动的共同作用下，我国耕地空间分布格局的变化对粮食生产也造成严重影响。在自然方面，由于全球气候变化，气温普遍升高使得耕地面积整体北移，一方面扩大了北方耕地面积比重（2010 年南北方耕地面积分布见图 7-1）；另一方面也增加了农作物适应气候变化的风险（丁一汇，2009）。在人类活动方面，由于东部和南部城镇化和工业化进程的推进，全国耕地分布比重持续向北扩展，南北方地区粮食产量发生明显变化。据统计，目前全国 13 个粮食主产省中 7 个分布在北方地区，其粮食生产量占全国的 60%，较 20 世纪 90 年代初提高了 10 个

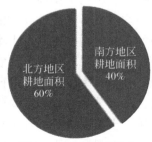

图 7-1　2010 年南北方地区耕地面积占有量

百分点，6 个南方省的粮食生产仅占全国的 15%。即使非粮食主产省的粮食主产县，也绝大部分分布于山西、陕西等北方地区。另外，我国耕地的后备区也主要分布于东北和西部干旱半干旱地区（科学新闻，2007，http：//www.aweb.com.cn）。由此可见，有限耕地资源的时空变化严重影响着我国粮食的生产，不仅导致区域间粮食的供求失衡，而且也进一步加剧了农业水资源短缺的态势。图 7-2 给出了我国 31 个省（自治区、直辖市）1985 年以来人均粮食产量变化。

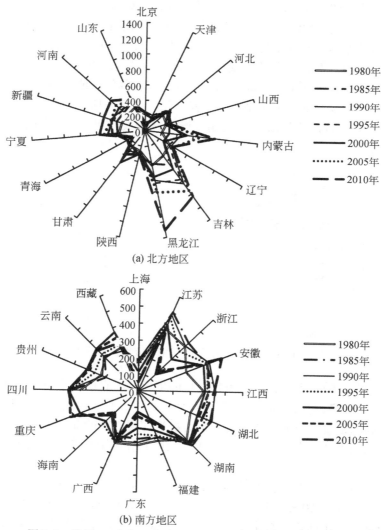

图 7-2　我国 31 个省（自治区、直辖市）人均粮食产量变化

注：单位为 kg/人

在水资源方面，水资源作为基础性自然资源和战略性经济资源，是保障我国粮食安全的另一刚性约束因素。尽管我国水资源总量相对丰富，位居世界第4位，但是由于人口基数较大，我国人均水资源占有量仅为世界平均水平的1/4，是全球13个贫水国之一。更为严重的是我国水资源的时空分布不均，且与耕地在空间分布差异较大，使得我国农业水土资源的匹配关系严重失衡，亩均水资源占有量只有世界平均水平的50%，且区域间变异性较大。据统计，1956～2010年全国年均降水总量为60 670.5亿m³，平均径流量仅为26 519.1亿m³，约有70%集中于汛期的6～9月，且81%分布在长江流域及其以南地区。又由于南北方地区耕地资源分布的差异，导致每公顷耕地上的水资源占有量南北差异极大，长江以南地区为28 695m³，长江以北地区仅为9465m³（苏人琼，1998）。而且随着我国粮食主产区持续向缺水和生态脆弱的北方地区转移，单位耕地面积上水资源的占有量还将进一步减少。加之近年来全球气候变化，南北方地区水资源分布的不均性加剧（图7-3），同时干旱缺水等极端气候事件频发，进一步加剧了农业水资源的紧张态势。

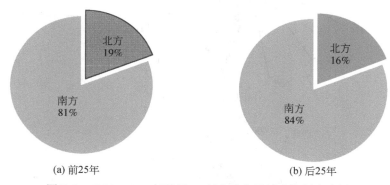

(a) 前25年　　　　　　　　　　　　(b) 后25年

图7-3　1956～2005年前后25年南北方地区水资源占有量

与此同时，随着工业化、城镇化进程的推进，工农业用水激烈竞争，用于农业灌溉的水量锐减（图7-4），这进一步加剧了本已十分紧张的农业水资源态势。据统计，我国粮食产量的2/3来自于占总耕地面积1/2的灌溉面积上，其他许多农产品也相当多地产自于灌溉耕地（中华人民共和国国务院. 中国粮食安全中长期规划纲要（2008～2020年）. 2008年）。然而，在1980～2010年的30年间，用于农田灌溉的水资源量持续减少，由3509亿m³下降到3294亿m³（图7-5），减少了215亿m³，2000年以来全国农业灌溉用水缺口维持在300亿～400亿m³，近1亿亩灌溉农田面积因缺水得不到有效灌溉，造成的粮食减产达350亿～400亿kg；即使在目前大力推广节水技术的情况下，未来我国农业水资源状况仍不容乐观。根据我国《节水型社会建设"十二五"规划》预测，到2015年即使农业灌溉用水总量基本不增长的条件下，农业用水的比重仍达到全国用水总量 58% 左右，且区域间农业用水的比重越来越不均衡。按照《全国水资源综合规划》预测，到 2030 年，即使在强化节水方案的条件下，我国农业缺水仍将达 400 亿 m³ 左右。由此可见，我国农业受制于水的状况将长期存在。

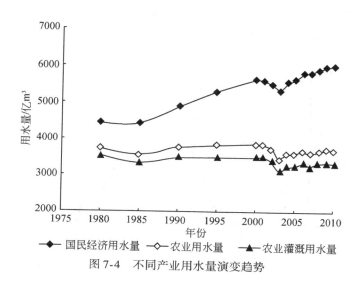

图 7-4　不同产业用水量演变趋势

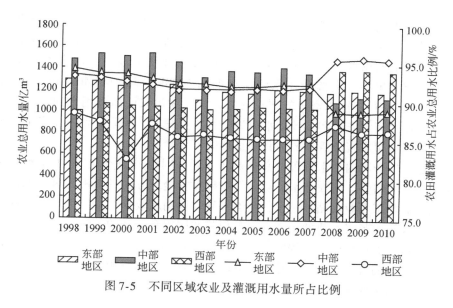

图 7-5　不同区域农业及灌溉用水量所占比例

而在农业用水过程中，尽管土壤水资源作为农作物生长最直接的水分源泉，长期以来发挥着极为重要的作用，但是长期以来又重视不够，也进一步加剧了农业水资源的短缺。此外，在我国，旱作雨养农田占全部耕地的一半以上，土壤水资源是其唯一的水分源泉。若能合理地调控土壤水分，加强土壤水资源的利用，对于缓解径流性水资源，保障粮食安全具有重要的作用。目前我国灌溉耕地和雨养耕地的面积与粮食和经济作物产量分布如图 7-6 所示。

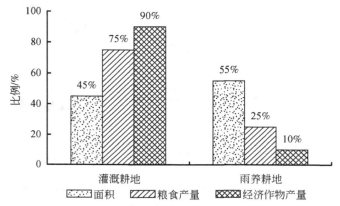

图 7-6 我国灌溉耕地和雨养耕地的面积与粮食和经济作物产量

另外，据国际水管理研究所（IWMI）指出，世界上大多数国家和地区水资源短缺都与农业有关。如果全世界粮食生产中灌溉水能减少 10%，就可以满足其他所有目的的用水。相反，若不能大幅提高农业用水效率，要满足 2050 年全球粮食需求，世界农业灌溉用水将从目前的 2700km^3 增加到 4000km^3（杨永辉等，2013），而径流性水资源的严重短缺，难以满足农业灌溉用水的需求。由此可见，农业水资源安全和高效用水成为关系农业发展，保证世界粮食安全的重要因素，加强土壤水资源管理成为其中重要的环节。

总之，鉴于国内外水资源"总量严重不足，时空分布不均"，人增地减水资源短缺的现实情势，而农业水资源在保障粮食安全等方面具有极为重要的现实意义。因此立足于农业水循环过程，全面提高农业用水效率、发展节水高效农业成为缓解农业用水紧张态势的根本，也是保障我国粮食安全的关键。

土壤水是农业水循环过程的中心环节，提高其利用效率将对有效缓解农业水资源本底较差的现实具有重要意义。同时，加强土壤水资源的合理利用，也是保障雨养农业的重要水源。

7.2 农业水循环原理及基于水循环过程的土壤水资源调控意义

7.2.1 农业水循环原理

农业水循环系统是一个在人类活动作用下，从取（输）水—用（耗）水—排水以及与此相联系的包括粮食生产和农业产业结构调整的人工干预过程。就水足迹而言，其实质是伴随自然水循环过程的农业人工侧支循环，是社会水循环的重要组成部分。其构成不仅体现为"实体水"的循环，而且也包含着伴随农产品流通的"虚拟水"的循环。

对于"实体水"的循环，集中地表现为通过农业种植业代替自然植被以间接方式影响并参与自然水循环的过程，且伴随"供（取）水—用水—耗水—排水"等环节以直接方式影响并参与自然水循环的过程。随着农业种植结构的调整，各种灌溉制度和灌溉节水措施的实施，农业"实体水"的循环过程变得越来越复杂。

对于"虚拟水"的循环，随着区域经济的快速发展，粮食等农产品的流通增强，附着在农产品上的水循环链条进一步延长，即"虚拟水"循环过程在农业水循环系统中变得更加重要。

总之，随着人类活动的深入，"实体水"与"虚拟水"循环过程间的相互作用、相互影响越来越深入，农业水循环系统的复杂性也进一步增加。图 7-7 给出了有关农业水循环结构的示意图。

由图 7-7 可知，在整个用水过程中，农业水资源转化的通量表现以下两方面。

在供给方面，主要体现为常规水资源和非常规水资源以及土壤水资源的供给，而且一切形式的水只有转化为土壤水才能被农作物吸收利用，土壤水的存在转化形式直接关系着径流性水资源的补给和消耗。

在消耗方面，集中地体现为蒸发蒸腾和深层渗漏。蒸发蒸腾发生在农业水循环的各阶段，包括取（输）水、排水过程的渠系土壤蒸发和水面蒸发，以及农田用水过程的土壤蒸发和作物植被蒸腾；深层渗漏也发生在水循环的各环节①。其中，土壤水资源的蒸发蒸腾消耗占农业水资源消耗的极大比例。

---

① 深层渗漏，就资源的转化而言，其不属于水资源消耗范畴。但就农业系统，其渗漏量流出农业水循环系统，不能被农作物利用，因而属于水量消耗范畴。

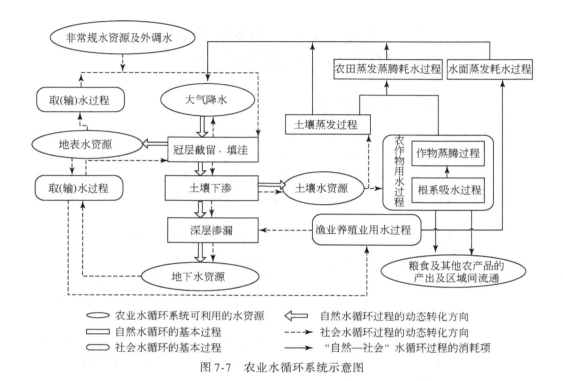

图 7-7 农业水循环系统示意图

由此可见，随着现代农业的发展，农业水循环系统整体上呈现出循环边界不断扩大，循环环节不断增加、循环路径不断延长的演化特征，与此相伴的水量及农业水资源转化效率也随之发生改变。因此，要解决农业水资源短缺，提高土壤水资源的利用效率，应立足于农业水循环全过程，在保障基本农业供水的同时，一方面，要应加强土壤水资源的合理利用；另一方面，加强水循环全过程中的"耗水"管理。综合二者是合理利用土壤水资源，全面提高水资源利用效率的根本策略。这也是开展更深层水资源需求管理的一个重要组成部分。因为需水的本质在于消耗，耗水量才是区域水资源的真实需求量，发生在取（输）水—用水—耗水—排水的每一个环节，且绝大部分以蒸发蒸腾的形式散失到大气，只有极少部分被产品带走。在此过程中，土壤水资源的消耗最终均以蒸发蒸腾的形式被消耗，是开展水资源更深层需水管理的有效组成部分。

7.2.2 基于水循环过程开展土壤水资源调控的意义

流域水资源管理是对流域水资源供给与需求关系的协调过程，是以追求可利用水资源的最大效益，实现流域人水和谐、经济系统和生态环境系统和谐发展为最终目标的水资源统一调控和协调管理。而需水本质在于消耗，耗水量才是区域水资源的真实需求量，发生在取（输）水—用水—耗水—排水的每一个环节，且以土壤水资源的消耗占有绝对大的比例。因而，在水资源匮乏程度日益严重的情势下，立足于水循环全过程，深入开展以区域耗水——蒸发蒸腾量（ET）管理为核心的水资源需求管理，不仅有利于从根本上提高传统径流性水资源的利用效率，而且可以全面提高土壤水资源的合理利用。

因为开展以"耗水（ET）管理"为核心的现代水资源管理，是对传统水资源管理有益的必要的补充，是传统水资源管理向现代水资源管理转变的必然趋势。

传统的水资源管理是以供需平衡为指导思想的。即在有限的水资源供给条件下，通过采取工程或非工程措施（种植结构调整、产业结构调整以及管理等手段），尽可能满足区域的水资源需求。而以"ET管理"为核心的水资源管理，则是建立在区域水资源的供给和消耗关系的基础之上。即在以有限水资源消耗量为上限，在保证农民基本收益的前提下，采取各种工程或非工程措施，最终实现水资源的高效利用。同样是以提高水资源利用效率，增加经济产出为目的，但是它们在"节水"概念和管理对象上却均存在着差异。

在"节水"概念上，以"供需平衡"为核心的传统水资源管理中的"节水"，通常是指通过修建科学合理的水利工程，水资源管理工程等手段，来提高水资源的利用效率。但是，其衡量的指标侧重于不同措施实施前后的源头取水量和末端用水量间水量的变化量，即节水量的多少。对水循环（自然和社会）过程中的消耗量并没有进一步依据消耗效率进行区分，即对消耗的有益与否的关注较少，从而使得"节水"重在水量的量值，而对实际中的水资源消耗效用的认识相对薄弱，特别是在输水过程中，这一点体现最为明显。在水资源的实际消耗过程中，尽管在农业灌溉中提出的不同的灌溉制度在一定程度上体现了通过"耗水（ET）管理"理念提高耗水效率的内涵，但是，其管理的程度和涉及的范围既不深入也不系统，更未能将水资源的消耗作为水资源合理配置的基础，对土壤水资源的管理并不深入。

以"ET管理"为核心的水资源管理理念中的"节水"，是从水资源消耗效用出发，不仅重视循环末端的节水量，而且将水循环过程中每一环节中用水量的消耗效用依据其是否参与生产分为生产性消耗和非生产性消耗，加以合理调控。

在管理对象上，以"供需平衡"为核心的传统水资源管理，其管理对象主要是水循环过程中的径流量，即主要集中于狭义径流性水资源的利用和管理上。对于在农业生产和生态环境保护方面发挥重要作用的非径流性水资源如土壤水却并不涉及。而以"ET管理"为核心的水资源管理，则是立足于水循环全过程，是以全部水汽通量为对象的水资源利用与管理。

另外，随着遥感技术和反演模型以及分布式物理水文模型对区域以"ET管理"为核心的水资源管理实现提供了新的技术支撑。

因此，在现代环境下，针对水资源短缺日益严重的情势，立足于水循环过程，进行以水资源消耗为核心的水资源管理，不仅有利于提高狭义径流性水资源的利用效率，而且对进一步开源，充分利用非径流性水资源，特别是土壤水资源具有重要的作用。

7.3 基于农业水循环过程的土壤水资源调控策略及调控方向

7.3.1 农业水资源的基本调控策略和调控方向

鉴于我国农业发展所面临的水土资源形势和农业水循环原理，在保障有限耕地资源的前提下，立足于农业水循环全过程，加强"开源"和"节流"是解决农业水资源不足的根本途径。

在开源方面，应"基于农业水循环供给环节，以增加农业可利用水资源量"为目标，加强农业可利用水量调控。由于农业可利用水源不仅包括由降水派生的一次性水资源（包括径流性水资源和土壤水资源），而且也包括再生性二次水资源（包括工业生活废污水经处理后的再生水资源和集蓄的雨水资源）。因此，加强降水资源、再生水资源等水资源的合理利用，可有效缓解农业径流性水资源供给的紧张态势。具体包括以下三方面。

（1）加强径流性水资源的利用。由于我国降水具有总量相对丰富，但时空分布不均，且与耕地资源和农作物生长匹配严重失衡的特性，因此要合理利用降水形成的径流性水资源，必须综合区域内和区域间的降水特点，在因地制宜调整种植结构的基础上，应统筹优化水利工程设施建设，加强农田水利设施建设，通过对降水在时空上的调配，增加径流性水资源的利用。

（2）加强降水非径流性水资源的转化与利用。降水转化的非径流性水资源集中体现为土壤水资源。由于土壤水是农作物生长最直接的水源，蓄水保墒，增加土壤水资源的涵养是保障农业生产最直接的举措。为此，一方面，要增加土地覆被，减少田间径流的生成，实现土壤水源涵养；另一方面，应加强非充分灌溉制度的实施和雨养农业的发展力度，通过增加土壤非饱和带库容，促进降水入渗蓄存量，从而提高农作物根系活动区土壤水资源的转化，达到涵养土壤水源的目的。

（3）对于其他非常规水资源的利用。通常农业灌溉用水主要集中于地表水和地下水等常规水资源。然而，随着我国人口的不断增长和国民经济的迅速发展，用于农业的常规水资源量已受到限制。结合农业用水对水质要求相对较低的特点，重视工业生活废污水经处理后的再生水资源、地下微咸水等非常规水资源，是解决农业水资源不足的另一重要手段。

在节流方面，应"基于农业水循环用（耗）水环节，提高农业水资源利用效率"为准则。由于水资源需求的本质在于消耗，耗水是水资源的真实需求量，且发生于农业水循环的各个环节。因此，加强农业水循环不同环节的"耗水（ET）"管理，将有助于全面提高农业水资源的利用效率。具体包括以下三方面。

（1）加强总量控制和定额管理，提高灌溉水利用效率。以农业水循环的基本过程为对象，一方面要加强农田灌溉输水过程中水分的调控，以减少非生产性消耗，提高输水效率；另一方面要结合区域的特点和农业水循环过程中水资源的消耗效率，以减少非生产性无效消耗或生产性低效消耗为指导，按照水资源的供耗水关系，合理调配水资源，提高各种水源的利用效率，严格控制农业用水定额和用水总量。

（2）水旱并举，工程措施和非工程措施并重，提高土壤水资源的利用效率。根据国家科技攻关研究，我国北方旱作农区降水量的 20% 以径流损耗，而休闲期无效水分蒸发占降水总量的 24%，真正能够被农业生产利用的降水只占降水总量的 56%。这 56% 的利用量中，又有 26% 因田间蒸发而散失，作物真正利用的降水只占总量的 30%。在南方水资源相对丰富的地区，降水的利用效率更低（薛亮，2005）。因此，提高降水资源利用效率可有效缓解农业水资源的不足。

（3）挖掘植物抗旱特性，发展生物节水技术，提高农作物水分转化效率，提高生产性高效消耗的比例，可减少水资源的浪费。

7.3.2　土壤水资源的调控策略与调控方向

土壤水资源作为农业生产最直接的水分源泉，一切形式的水只有转化为土壤水才能被农作物吸收利用。因此，加强土壤水资源的调控管理是实现农业水资源开源与节流的核心环节。要保障农业用水需求，提高土壤水资源的利用，必须针对不同的农业类型，立足于其中的水循环全过程，以"增加其可利用水资源量、提高水资源的消耗转化效率和效益，减少无效消耗"为基本指导原则，开展相应调控。唯有如此，才能从根本上实现对土壤水资源的合理利用。这也是我国执行最严格水资源管理和开展"以耗水（ET）管理"为核心的水资源管理的重要组成部分。

由土壤水资源的消耗结构和不同消耗方式对生产和生态环境中的作用（3.3节）可知，不同的消耗结构其消耗效率差异较大。

对于植被蒸腾，其消耗效率的高低取决于环境因素，主要受农作物、植被叶片周围的水汽压、根系影响层土壤含水量所影响。据有关研究分析，在农作物的蒸腾水量中，仅有极少部分参与光合作用（不足1%），绝大部分以叶片气孔蒸腾的形式散失，被认为是奢侈蒸腾，而奢侈蒸腾部分常被认为是生产性低效消耗。因此，在农业用水过程中，结合农作物不同生育期，合理调控根区土壤水，维持合适的冠层阻力和冠层附近湿度，通过直接或间接的方式调节植被气孔开度，减少低效消耗，提高蒸腾转化效率，可改善农业水循环系统用（耗）水效率。

棵间土壤蒸发，是农业水系统中水资源消耗的又一个主要方面，是在土壤水势与大气水势梯度的作用下，土壤水由土壤非饱和带液态直接转化为气态，并散失到大气中的自然水循环过程。其消耗量与植被覆盖度和土壤水状况密切相关：一方面通过土壤水库提供用于消耗的水量；另一方面通过土壤水的变化影响植被冠层的能量，进而影响蒸发量。尽管农田棵间土壤蒸发在农田生态系统中发挥着重要的作用，通过调节农田微气候间接影响农作物生长发育，但是就其相对于农业系统的生产而言，棵间土壤蒸发所发挥的作用较小，常被认为是生产性低效消耗。因此，在生产实践中，若能够结合土壤水蒸发的基本原理，通过采用中耕松土使毛细管断裂，减少棵间土壤水分蒸发的供给量，或结合农作物冠层能量原理，采用地膜覆盖、秸秆覆盖等技术，控制土壤蒸发过程中的温度和水势梯度等方法，控制其合适的棵间土壤水消耗比例，也是改善农田用水效率的主要方向。

此外，蒸发蒸腾发生在农业水循环的各阶段，不仅包括 SPAC 系统中的农田蒸发蒸腾，而且也包括发生在取（输）水、排水过程的渠系土壤蒸发和水面蒸发等过程中。对于农业生产系统中输配水过程的消耗，由于其消耗与农业生产的初衷相悖而被认为是非生产性消耗。因此，在生产实践中，在适当考虑生态环境的同时，加强沟渠等输配水环节渠系土壤水分的消耗管理，也可提高农业水资源的利用率。

总之，综合以上分析可知，立足于农业水循环过程，加强一切可利用水资源的利用和加强土壤水资源的调控和利用方向，可实现我国农业发展，保障粮食安全最为根本的"寓粮于源，保粮于墒"的策略（杨贵羽，2010）。也唯有如此，才能从根本上缓解径流性水资源匮乏的现实，保障粮食安全，抵御干旱。这也有利于径流性水资源利用效率的提高，有助于从根本上改善水资源的消耗效率。

7.4 本章小结

本章在以上各章的土壤水资源定量分析的基础上，通过对影响我国粮食生产的两大刚性约束——土地资源和水资源，系统阐述了我国保障农业生产和粮食安全所面临的挑战。面对这一严峻情势，为从根本上缓解我国农业水资源匮乏的困境，在剖析农业水循环机理后，立足于农业水循环过程，提出了从"开源"上重视径流性水资源的同时，加强土壤水资源的利用；在"节流"上加强水循环过程的农业耗水管理，特别是加强土壤水资源消耗管理的根本策略。同时，结合当前各流域土壤水资源消耗的结构和消耗效率，提出了加强土壤水资源消耗管理的调控策略和调控方向。

第8章 结论与展望

8.1 结 论

土壤水是地表水与地下水相互联系的纽带,在水资源的形成、转化与消耗过程中,具有不可或缺的作用。土壤水的数量、质量及其运动转化状态不仅与水文水资源密切联系,而且也与农业气象密不可分。在水文水资源方面:土壤水作为"四水"转化过程中的中间环节,土壤水的多少和运移状况,直接关系着大气降水的下渗和地表径流的形成,同时影响着土壤和植被的蒸发蒸腾,进而影响陆域水分的支出;另一方面,土壤水作为区域/流域水分支出——蒸发蒸腾的主要构成要素,通过其动态转化又积极参与大气与地表、土壤层的热交换,影响着陆域的能量平衡,进而通过水量平衡和能量平衡间的相互作用对水循环产生间接影响。因此,鉴于土壤水在水资源领域和农业生产和生态环境领域均具有极为重要的作用,以及面对随着全球气候变化条件下径流性水资源匮乏程度的日益加剧,生态环境的恶化的现实需求,本书在总结大量相关研究成果的基础上,从土壤水资源对水循环、资源以及粮食安全等方面的影响和作用角度,系统阐述了开展土壤水资源评价的必要性,并结合 WEP-L 分布式水文模型对土壤水资源数量和消耗效率从理论到实践进行了尝试性研究。同时,结合土壤水资源的主要用途为农业生产,基于农业水循环原理提出了土壤水资源高效利用的调控措施。所取得的主要成果概括为以下三方面。

8.1.1 理论方面

1) 提出了土壤水资源概念

立足于整个水循环过程,从生态角度重新定义了土壤水资源的概念,即赋存于土壤包气带中,具有更新能力,并能被人类生产、生活直接和间接利用(包括人类对生态环境的维持)的土壤水量,及对维持天然生态环境良性循环具有一定作用的土壤水量。

2）构建了土壤水资源评价理论与计算方法

在土壤水资源概念的基础上，依据水资源的有效性、可控性、可利用量性等准则，构建了包括最大可能被利用的土壤水资源量，可被植被直接吸收利用的土壤水资源量（可控制性）、用于国民经济生产和用于生态环境的土壤水资源量为主要构成的土壤水资源数量评价指标体系，并以水量平衡方程为基础，结合不同尺度土壤水动态转化形式，从微观和宏观尺度上，定量推导了各评价指标。

同时，结合土壤水资源的动态消耗结构，以及我国土地利用类型和水资源消耗在生产和生态中的作用，依据不同消耗结构在生产和生态中的作用，提出了土壤水资源消耗效率的界定准则，具体为：农作物基本蒸腾为生产性高效消耗；农作物奢侈蒸腾、高盖度植被棵间蒸发、部分低盖度棵间蒸发为生产性低效消耗；部分低盖度棵间蒸发、农田系统裸土蒸发、取（输）水渠系蒸发为非生产性消耗。

8.1.2　理论实践应用方面

1）黄河流域土壤水资源及其消耗效率评价结果

根据上述理论，借助分布式水文模型，利用黄河流域 45 年（1956～2000年）的水文气象资料，以历史系列年下垫面条件和不同土地利用的三种情景下垫面对黄河流域土壤水资源的消耗结构和消耗效率开展了初步评价。

结果表明，历史系列年下垫面条件下，全流域土壤水资源量可达到 2078 亿 m^3，占降水总量的 58.4%，是径流性水资源的 3 倍，占降水派生资源中的最大部分；在空间上，其变化与降水的空间分布基本一致，整体呈现从西北向东南递增的趋势，而降水转化为土壤水资源的转化率则呈与此相反的变化格局。在时间上，土壤水资源受季节的影响较大，年内表现为稳定消退阶段、缓慢增加阶段、快速增长阶段和快速消退阶段四个阶段；在年际间因土地利用条件和降水的不同而不同。

在消耗结构方面集中地表现为：全流域土壤水资源中，植被蒸腾消耗量占18.4%，为 382 亿 m^3，棵间和裸地的土壤蒸发消耗量占 81.6%，为 1696 亿 m^3；按有效性准则计算得，有效消耗量为 920 亿 m^3，其中高效消耗占 41.49%，低效消耗占 58.51%；无效消耗量为 1158.48 亿 m^3。

三种下垫面条件：

情景一：当全流域土地利用中扩大林地覆盖度，减少裸地面积时，流域多年平均土壤水资源量为 2074 亿 m^3，较历史系列年下垫面减少 4 亿 m^3。但土壤水资源占降水比例与历史系列年下垫面相差不明显，维持在 58.2%。

对于消耗结构，植被蒸腾量占土壤水资源量的23.6%，土壤蒸发量占土壤水资源量的76.4%。其中，林地的蒸腾、蒸发量分别达到216.7亿m^3和235.2亿m^3，分别较历史系列年下垫面条件增加34.1%和26.4%；

情景二：当全流域土地利用中扩大草地覆盖度，减少裸地面积时，全流域土壤水资源量为2070亿m^3，与对应历史系列年下垫面相比，减少7.6亿m^3。

对于消耗结构，全流域用于蒸腾的土壤水资源量达到22.24%，消耗于裸地的土壤蒸发量减少，其中草地蒸发、蒸腾量分别为217.4亿m^3和428.9亿m^3，较历史系列年下垫面条件增加13.08%和29.7%。

情景三：当结合流域降水空间分布特性，适当增加林地和草地面积，减少裸地面积时，全流域年均土壤水资源量为2169亿m^3，占降水量比例为60.9%。与历史系列年下垫面情况相比，增加了4.4%。

对于消耗结构，与历史系列年下垫面情况相比，全流域土壤水资源的消耗量表现为：蒸腾量增加，裸地的无效蒸发量减少。

综合以上分析可知，黄河流域土壤水资源数量可观，但利用效率较低。且由于土地利用的变化，土壤水资源的利用效率差异较大。按照提高利用效率的水资源利用原则，在实践中应结合区域特点加强土壤水资源的利用，即在黄河上、中游区域，要以增加土地的覆盖，减少裸地面积，减少区域的无效消耗量为主；对于下游区则应以调整种植结构，减少棵间的低效消耗为主，特别是要重视农田和草地的棵间蒸发消耗。

2) 海河流域土壤水资源及其消耗效率评价

以分布式 WEPAR 模型为基本工具，分别利用50年（1956~2005年）和26年（1980~2005年）气象条件，对历史系列年下垫面海河流域土壤水资源的数量、消耗结构和消耗效率及其演变进行了评价，具体结论如下：

50年（1956~2005年）系列气象条件：多年平均条件下，海河流域的土壤水资源量为998亿m^3，占降水总量的58.7%，是流域径流量的2.96倍，是降水派生资源中的最大部分。在空间上呈现以海河北系为界，分别向上游和下游递增，且以徒骇马颊河最大的演变特点。对降水转化为土壤水资源的转化率而言，除海河北系外，其他各区域降水转化为土壤水资源的转化率均达到60%以上，呈现以海河北系为界，分别向上游和下游递增的演变特点，其中徒骇马颊河最大，是径流量的4.6倍。

在时间上，海河流域土壤水资源量与黄河流域的变化相似，呈现四个阶段，且在年内分布整体呈现出由北向南逐渐分散分布的空间变化特征。在年代际，基本呈现随降水量增大，土壤水资源量增加；降水量下降，土壤水资源量也呈下降的趋势，但土壤水资源量变化的幅度远小于降水量。对于降水转化为土壤水资源的转化率，全流域整体呈增长趋势，基本上呈现出降水量减少，土壤水资源的转化率增大的变化，且在 50 年来的各年代中，以 21 世纪初转化率最大，达到降水量的 62.5%。

在消耗结构方面，50 年气象条件下，土壤水资源消耗于植被的蒸腾量为 531 亿 m^3，占土壤水资源总量的 53.2%，用于植被棵间和裸地的土壤蒸发量共计 467 亿 m^3，占土壤水资源总量的 46.8%。且不同土地利用类型相比，以农田消耗所占比例最大，其次是林地，裸地消耗量最小。林地、草地、农田和裸土的土壤水消耗量分别占土壤水资源量的 17.0%、15.2%、58.7% 和 9.2%。在时间上，消耗结构基本上呈现后 26 年的蒸腾量所占比例大于前 24 年；在空间上，呈现从上游向下游逐渐递增的趋势。

在消耗效率方面，50 年全流域平均生产性消耗量总计为 872 亿 m^3，占土壤水资源总量的 87.3%，其中高效消耗量为 531 亿 m^3，低效消耗量为 341 亿 m^3，分别占土壤水资源总量的 53.2% 和 34.1%；非生产性消耗占土壤水资源总量的 12.7%。且在时间上，土壤水资源量的消耗效率变化并不明显，前 24 年（1956 ~ 1979 年）和后 26 年（1980 ~ 2005 年）生产性消耗均维持在 85% 以上；在空间上基本呈从下游向上游逐渐递减的趋势。

26 年（1980 ~ 2005 年）系列气象条件：多年平均土壤水资源量为 976 亿 m^3，约占降水量的 61%，是流域径流量的 4.8 倍，分别有 52.6% 和 47.4% 用于植被蒸腾和土壤蒸发消耗。在植被蒸腾中，林地、草地和农田蒸腾分别占 21.3%、21.1% 和 57.7%。在空间上，以海河南系和徒骇马颊河农田蒸腾所占比例较大，超过区域总蒸腾量的一半。

与 50 年系列相比，全流域植被蒸腾消耗量略有减少，区域间呈现滦河及冀东沿海诸河、徒骇马颊河植被蒸腾量增加，而海河北系和海河南系减少的趋势。

总之，对于海河流域而言，尽管客观降水转化为土壤水资源的比例与黄河流域相比相似，且土壤水资源的整体消耗效率也较高，但是生产性低效和非生产性消耗量仍占全部土壤水资源的 46.8%。因此，加强流域土壤水资源的生产性低效消耗和非生产性蒸发蒸腾的调控，是调控海河流域土壤水资源利用的主要方向。

综合土壤水资源的降水转化率及其动态转化特征，按照流域/区域特点，在年内应以加强第一、二、四阶段土壤水资源的消耗管理为主，同时加强汛期土壤水库的蓄积管理。

3）松辽流域土壤水资源及其消耗效率评价

以"十一五"国家科技支撑计划重点项目"松辽流域水资源全口径评价及

旱情预测关键技术研究"课题开发的二元演化模型（WEPSL）模型系统为基本工具，分别利用50年（1956～2005年）气象系列，在历史系列年下垫面和现状下垫面水循环要素全面动态模拟的基础上，开展了流域土壤水资源的数量、消耗结构和消耗效率的初步评价，得到下面的结果。

历史下垫面条件下：松辽流域土壤水资源总量为2398亿 m^3，占降水量的37.1%，是相应条件径流性水资源量的1.45倍。其中，松花江区，土壤水资源量为1584亿 m^3，占降水量的33.7%，是径流性水资源量的1.28倍；辽河区，土壤水资源量为814亿 m^3，占降水量的46.0%，是径流性水资源量的1.97倍。

在时间上，集中体现为：20世纪60年代之前和80年代中期～90年代中期土壤水库水量存余，60年代～80年代初期以及90年代之后亏缺，且尤以21世纪初期的亏缺最大。在年内，汛期土壤水资源量约占全年水资源量的65%以上，且呈现出松花江区分布较为集中，而辽河区的分布则相对分散的变化特征。

就降水转化为土壤水资源的转化率而言，全流域总体呈现出从东南向西北逐渐增加的趋势。在辽河区，降水量的近一半转化为赋存于土壤水库的土壤水资源，且各流域片土壤水资源量均大于相应的河川径流量。松花江区约有30%的降水转化为土壤水资源的降水转化结构。

在消耗结构方面：全流域植被蒸腾量消耗量为541.4亿 m^3，占土壤水资源总量的22.6%，植被棵间和裸地土壤蒸发量共计1856.3亿 m^3，占土壤水资源总量的77.4%。对于植被域的土壤水资源消耗，以农田最大，林地次之，草地最小，分别为787亿 m^3、750亿 m^3和406亿 m^3。其中，蒸腾量以林地最大，占植被域土壤水资源消耗量的11.6%；对于土壤蒸发量，则以农田棵间土壤蒸发最大，占植被域土壤水资源消耗量的29.1%。

其中，松花江区土壤水资源的23%消耗于植被蒸腾，77%消耗于土壤蒸发；辽河区也有21.8%消耗于植被蒸腾，78.2%消耗于土壤蒸发。在各种土地利用的消耗量中，两区域均以农田最大，林地次之，草地最小。在时间上，前24年和后26年，全流域土壤水资源呈增加趋势，且用于植被蒸腾的消耗量略有增加，但消耗于土壤蒸发的量增加较多。

在消耗效率方面：全流域生产性消耗为1469.2亿 m^3，占土壤水资源量的61.3%，非生产性消耗为928.8亿 m^3，占土壤水资源量的38.7%。在生产性消耗中，高效消耗为539.6亿 m^3，低效消耗为929.7亿 m^3，分别占土壤水资源量的22.5%和38.8%。

在时间上，前24年和后26年相比，全流域生产性消耗中低效消耗减少，高效消耗略有增加；非生产性消耗增加。

在空间上，松花江区生产性消耗共计1020.2亿 m^3，占区域土壤水资源量的

64.4%，非生产性消耗占 35.6%。在生产性消耗中，绝大部分以低效形式被消耗，为 41.5%。前 24 年和后 26 年的变化相比，与全流域相似，呈现出低效消耗减少，高效消耗略有增加的趋势。辽河区生产性消耗为 449 亿 m³，占区域土壤水资源量的 55.2%，非生产性消耗占 44.8%。在生产性消耗中，绝大部分以低效形式被消耗，高效消耗量不足 35%。前 24 年和后 26 的变化体现为：以高效消耗、低效消耗均略有增加，而非生产性消耗略有减少的变化特点。

比较松花江区和辽河区，生产性消耗和非生产性消耗占土壤水资源的比例整体相似，但是生产性消耗中的高效消耗以辽河区较大。

在现状下垫面条件下，全流域土壤水资源量为 2394 亿 m³，占降水量的 37%，是相应下垫面条件下径流性水资源的 1.4 倍。其中，松花江区为 1580 亿 m³，占降水量的 33.6%；辽河区为 813 亿 m³，占降水量的 46%。

与历史系列年下垫面条件下相比，全流域降水转化为土壤水资源的比例变化并不明显，但降水的转化结构发生改变且地区间差异明显。全流域基本呈现土壤水资源量减少，径流性水资源略有增加的演变格局。

在消耗结构方面，全流域植被蒸腾量为 532 亿 m³，占土壤水资源总量的 22.2%，用于植被棵间和难利用土地的土壤蒸发量共计 1861 亿 m³，占土壤水资源总量的 77.4%。蒸腾量与蒸发量比为 1∶3。其中，松花江区植被蒸腾消耗为 356 亿 m³，土壤蒸发消耗为 1224 亿 m³；辽河区植被蒸腾消耗和土壤蒸发消耗分别为 176 亿 m³ 和 637 亿 m³。

与历史系列年下垫面条件的结果相比，对于土壤水资源消耗结构，其变化不十分明显，基本上呈现植被蒸腾略有下降，土壤蒸发略有增加的变化格局。

总之，土壤水资源在松辽流域的农业生产和生态环境建设方面发挥着极为重要的作用。然而，利用效率整体较低，生产性消耗中的低效消耗和非生产性消耗占有较大比例。因此，在土壤水资源利用的过程中，应结合区域的土地利用特点，提高其生产性低效消耗和改变非生产性消耗的方式为重点。

对于松花江区，应结合其土地利用条件和水资源状况：一方面要增加植被的盖度，减少棵间无效和低效消耗；另一方面要调整种植结构，进一步提高土壤水资源的高效消耗，以全面提高土壤水资源的利用。

对于辽河区，在土壤水资源合理利用方面：一方面，应增加降水转化为土壤水资源的补给，减少冬春季节土壤水资源的无效消耗，增加土壤水库的蓄存量；另一方面，要增加植被盖度减少非生产性消耗，推广各种节水措施，以减少棵间无效和低效消耗。

8.1.3　土壤水资源调控策略与调控方向方面

在以上理论和各流域土壤水资源利用现状的基础上，从我国的土地资源和水资源状况出发，书中系统阐述了我国保障农业生产和粮食安全所面临的挑战。为加强土壤水资源利用，在剖析农业水循环机理后，立足于农业水循环过程，提出了从"开源"上在重视径流性水资源的同时，应加强土壤水资源的利用；在"节流"上加强水循环过程的农业耗水管理，特别是加强土壤水资源消耗管理的根本策略。同时，结合当前各流域土壤水资源消耗的结构和消耗效率，提出了加强土壤水资源消耗管理的调控策略和调控方向。

8.2 展   望

土壤水作为水循环的中间环节，对其资源量的开发利用直接关系着区域水资源的合理利用和粮食安全以及生态环境建设。尽管本书在前人的研究基础上，从宏观尺度上对土壤水资源数量和消耗效率进行了探讨，但尚处于起步阶段，仍有大量需要开展的工作。面对当前全球水资源匮乏、生态环境退化的现实情势，进一步结合土壤水资源在生产、生活和生态中的作用，从水量、水质以及生态角度，开展宏观尺度土壤水资源的研究将是未来的发展趋势。

综合当前研究现状和本研究的探索，将有待于进一步开展的研究内容概括为以下两方面。

8.2.1 土壤水资源定量分析方面

（1）加强天地一体化监测技术的合理应用，以提高水循环模拟过程中土壤水动态转化的模拟计算精度。应增加大面积土壤水地面监测站网的布设：一方面，与传统地面观测和空间遥感监测数据的结合，提高遥感反演土壤水的精度；另一方面，可通过合适的数据同化方式与大尺度分布式水文模型相结合，减少土壤水模拟过程中的不确定性，进而全面提高流域水循环的模拟精度。

（2）结合区域的土地利用特点和植被生长特性，加强植被土壤水资源可控部分监测和模拟研究，通过植被模型与水循环模型，以及非饱和带土壤水动态转化模型的相互结合，深入开展不同地下水埋深、不同土壤结构条件下，土壤水资源可利用量与有效控制研究。只有将水循环的不同环节有机结合，才能更加合理准确地对土壤水资源进行调控。

（3）针对土壤水资源社会、经济、生态等方面的作用，进一步加强土壤水资源消耗效率和不同服务功能研究，加强耗水管理对区域/流域间水资源的影响研究，提高基于区域/流域水循环全过程的水资源配置，促进流域水资源的和谐发展。由于土壤水资源的消耗与径流性水资源密切相关，是基于流域水循环过程的水资源调控的基础，也是深入开展水资源需求管理的重要组成部分。土壤水资源利用效率的高低以及经济与生态服务功能，直接关系着流域/区域水资源高效利用。因此，在以上研究的基础上，尚需进一步立足于二元水循环基本过程，进一步深入开展土壤水资源消耗效率以及可调控性研究，以全面指导实践。

8.2.2　土壤水水质及土壤水与生态环境关系的研究

在土壤水水质方面，由于土壤水是陆域生态环境系统中最活跃、最关键的因素，是污染物迁移转化的载体，其动态转换与土壤污染和地下水污染息息相关。近年来农药化肥的过量使用，工业发展中废弃物和废污水排放所导致的面源污染严重，以及地下水污染突出等问题，均与土壤水密切相关。因此，要全面解决以上问题，必须充分认识到土壤水分作为污染物迁移转化的介质对环境方面的影响。为此，一方面，应加强大尺度土壤水动态转化过程中土壤水水质、区域尺度水盐的动态演化特性研究；另一方面，应结合土壤水的调控，加强土壤水资源消耗管理可能带来的污染累积效应研究。在深入开展耗水管理的同时，应加强不同耗水条件下农田水肥合理利用的阈值研究。

在土壤水与生态环境的关系方面，土壤水资源最终均以蒸发蒸腾的形式被消耗，且在陆面蒸发蒸腾中占有较大比重。蒸发蒸腾作为水循环过程中主要消耗输出项，不仅涉及水循环过程、能量循环过程和物质循环过程，而且伴随着物理反应、化学反应和生物反应。为进一步揭示随着全球气候变化，土壤水资源消耗调控对水循环过程、生态环境的影响，一方面应结合全球温室气体排放，加强土壤水消耗与陆面碳吸附作用的影响，以及相互的反馈作用作用；另一方面应结合全球气候变化中温度、辐射等变化，加强土壤水资源蒸发蒸腾转化特性研究，及其对能量循环的反馈作用和相互作用关系研究。

参 考 文 献

蔡焕杰，熊运章，李培德. 1994. 遥感红外温度估算农田土壤水分状况的研究. 西北农业大学学报，22（1）：113-118.

陈乾. 1994. 用植被指数监测干旱并估算冬麦产量. 遥感技术与应用，9（3）：12-18.

陈云明，吴钦孝，刘向东，等. 1994. 黄土丘陵区油松人工林对降水再分配的研究. 华北水利水电学院学报，3（1）：62-67.

程国栋，赵文智. 2006. 绿水及其研究进展. 地球科学进展，21（3）：221-227.

程伍群，王文元，杨路华. 2001. 土壤水资源概念评价及调控的初步研究. 河北水利水电技术，（3）：14-16.

丁一汇. 2009. 中国气候变化——科学、影响、适应及对策研究. 北京：中国环境科学出版社.

段争虎. 2008. 土壤水研究在流域生态——水文过程中的作用、现状与方向. 地球科学进展，23（7）：682-684.

范荣生，张炳勋. 1980. 黄土地区流域产流计算. 西北农林科技大学学报（自然科学版），（4）：1-12.

方正三. 1958. 黄河中游黄土高原梯田的调查研究. 北京：科学出版社.

冯潜诚，王焕榜. 1990. 土壤水资源评价方法的探讨. 水文，（4）：28-32.

高照阳，张红梅，常明勋，等. 2004. 国内外土壤水分监测技术. 节水灌溉，（2）：28-29.

郭军，任国玉. 2005. 黄淮海流域蒸发量的变化及其原因分析. 水科学进展，16（5）：666-672.

郭群善，雷志栋，杨诗秀，等. 1997. 作物生长条件下田间土壤水分平衡计算研究. 水利学报，（增刊）：40-46.

郭择德，程金茹，邓安. 2000. 黄土包气带土壤水特征曲线研究. 辐射研究，10（1-2）：101-106.

韩鹏，皴洁玉. 2008. 海河流域水资源高效利用与综合管理简析. 海河水利，（5）：4-7.

贺伟程. 1992. 世界水资源//中国水利大百科全书·水利. 北京：中国大百科全书出版社.

胡和平，杨诗秀，雷志栋. 1992. 土壤冻结时水热迁移规律的数值模拟. 水利学报，（7）：1-8.

黄锡荃，李惠明，金伯欣. 1993. 水文学. 北京：高等教育出版社.

贾大林. 1999. 农业用水危机与粮食安全对策. 农业技术经济，（2）：1-5.

贾仰文，王浩. 2012. 海河流域二元水循环及其伴生过程的综合模拟. 北京：科学出版社.

贾仰文，王浩，倪广恒，等. 2005. 分布式水文模型原理与实践. 北京：中国水利水电出版社.

泽春浩 . 1994. 土壤水分测定方法的新进展——TDR 测定仪 . 干旱区资源与环境，8（2）：
    69-76.

靳孟贵，张人权，等 . 1999. 土壤水资源评价的研究 . 水利学报，8：30-34.

荆恩春，等 . 1994. 土壤水分通量法试验研究 . 北京：地震出版社 .

康绍忠 . 1986. 计算与预报农田蒸散量的数学模型研究 . 西北农业大学学报，14（1）：90-101.

康绍忠，蔡焕杰 . 1996. 农业水管理学 . 北京：中国农业出版社 .

康绍忠，刘晓明，高新科，等 . 1992. 土壤-植物-大气连续体水分传输的计算机模拟 . 水利学
    报，（3）：1-12.

康绍忠，等 . 1998. 黄土区下垫面条件和水土保持措施对坡面地水量转化关系的影响及其数值
    模拟//康绍忠，等 . 旱区水-土-作物关系及其最优调控原理 . 北京：中国农业出版社 .

柯克比 M J. 山坡水文学 . 刘新仁，王炳程译 . 黑龙江：哈尔滨工业大学出版 .

雷志栋，胡和平，杨诗诱 . 1999. 土壤水研究进展与评述 . 水科学进展，10（3）：311-318.

雷志栋，杨诗秀，等 . 1988. 土壤水动力学 . 北京：清华大学出版社 .

李保国，龚元石，等 . 2000. 农田土壤水动态模型及应用 . 北京：科学出版社 .

李阜隶，李学垣，刘武定 . 1993. 生命科学和土壤学重几个领域的研究进展 . 北京：农业出版
    社 .

李韵珠，李保国 . 1998. 土壤溶质运移 . 北京：科学出版社 .

刘昌明 . 1991. 水资源的内涵与定义 . 水科学进展，2（3）：206-215.

刘昌明 . 1997. 土壤-植被-大气系统水分运行的界面过程研究 . 地理学报，52（4）：366-373.

刘昌明 . 2004. 水文水资源研究理论与实践——刘昌明文选 . 北京：科学出版社 .

刘昌明，钟骏襄 . 1978. 黄土高原森林对年径流影响的初步分析 . 地理学报，（2）：30-45.

刘昌明，魏忠义 . 1989. 华北平原农业水文及水资源 . 北京：科学出版社 .

刘昌明，张士峰，等 . 2001. 水文循环过程理论与方法的研究进展//刘昌明，陈效国 . 黄河流域
    水资源演化规律与可再生性维持机理研究和进展 . 郑州：黄河水利出版社：22-23.

刘昌明，李云成 . 2006. "绿水" 与节水：中国水资源内涵问题讨论 . 科学对社会的影响，
    （1）：12-16.

刘贤赵，康绍忠 . 1999. 降雨入渗和产流问题研究的若干进展及评述 . 水土保持通报，19
    （2）：57-60.

柳长顺，陈献，乔建华 . 2004. 流域水资源管理研究进展 . 水利发展研究，11：19-22.

陆桂华，闫桂霞，吴志勇，等 . 2010. 近 50 年来中国干旱化特征分析 . 水利水电技术，41
    （3）：78-82.

陆家驹，张和平 . 1997. 应用遥感技术连续监测地表土壤含水量 . 水科学进展，8（3）：
    281-287.

马国柱，魏和林，符淙斌 . 1999. 土壤湿度与气候变化关系的研究进展与展望 . 地球科学进展，
    14（3）：299-305.

毛飞，张桂华，卢志光，等 . 2003. 地下水浅埋条件下冬小麦和大豆土壤水分动态预报模型研
    究 . 应用气象学报，14（4）：479-485.

穆兴民，王文龙，徐学选 . 1999. 黄土高原沟壑区水土保持对小流域地表径流的影响 . 水利学

报，（2）：71-75.

彭望琭，白振平，刘湘南，等 . 2002. 遥感概论 . 北京：高等教育出版社 .

普布次仁 . 1995. 归一化植被指数与降水量、土壤湿度的关系 . 气象，21（2）：8-12.

邱新法，刘昌明，曾燕 . 2003. 黄河流域近 40 年蒸发皿蒸发量的气候变化特征 . 自然资源学
　　报，18（4）：437-441.

尚松浩，雷志栋，杨诗秀 . 1997. 冬灌对越冬其土壤水分状况影响的数值模拟 . 农业工程学报，
　　13（3）：65-70.

邵明安，Simmonds L P. 1992. 土壤–植物系统中的水容研究 . 水利学报，（6）：1-8.

邵明安，杨文治，李玉山 . 1987. 植物根系吸收土壤水分的数学模型 . 土壤学报，24（4）：
　　295-305.

施成熙，粟崇嵩，等 . 1984. 农业水文学 . 北京：农业出版社 .

史海滨，陈亚新 . 1993. 饱和–非饱和流溶质传输的数学模型与数值方法评价 . 水利学报，
　　（8）：49-55.

苏凤阁 . 2001. 大尺度水文模型及其陆面模式的耦合研究 . 南京：河海大学博士学位论文 .

苏人琼 . 1998. 中国农业可持续发展对水资源的依赖性//沈振荣，苏人琼 . 中国农业水危机对
　　策研究 . 北京：中国农业科技出版社 .

隋洪智，田国良，李建军，等，1990. 热惯量法监测土壤水分//田国良 . 黄河流域典型地区遥
　　感动态研究 . 北京：科学出版社 .

谭孝元 . 1983. 土壤–植物–大气连续体的水分传输 . 水利学报，（9）：1-10.

仝兆远，张万昌 . 2007. 土壤水分遥感监测的研究进展 . 水土保持通报，27（4）：108-112.

王浩，秦大庸，等 . 2004. 黄河流域水资源演化规律与可再生性维持机理——黄河流域水资源
　　演变规律与二元演化模型 .

王浩，贾仰文，等 . 2010. 黄河流域水资源及其演变规律研究 . 北京：科学出版社 .

王浩，杨贵羽，贾仰文，等 . 2009. 河流域土壤水资源为例说明以 “ET 管理” 为核心的现代
　　水资源管理的必要性和可行性 . 中国科学（E 辑）：技术科学，39（10）：1691-1701.

王鹏新，龚健雅，李小文 . 2001. 条件温度植被指数及其在干旱监测中的应用 . 武汉大学学报
　　（信息科学版），26（5）：412-418.

王志民 . 2002. 海河流域水生态环境恢复目标和对策 . 中国水利，（4）：12-13.

王中根，刘昌明，左其亭，等 . 2002. 基于 DEM 的分布水水文模型构建方法 . 地理科学进展，
　　21（5）：430-439.

吴洪涛，武春友，郝芳华，等 . 2008. “绿水” 的多角度评估及其管理研究 . 中国人口资源与
　　环境，18（6）：61-67.

吴擎龙，雷志栋，杨诗秀 . 1996. 压力入渗仪测定导水率的理论及其应用 . 水利学报，2：
　　56-62.

夏自强，李琼芳 . 2001. 土壤水资源及其评价方法研究 . 水科学进展，（4）：535-540.

肖乾广，陈维英，盛永伟，等 . 1994. 用气象卫星监测土壤水分的实验研究 . 应用气象学报，5
　　（3）：312-318.

许迪 . 1996. 采用田间表层结壳稳定流法确定土壤非饱和导水率 . 水利水电技术，（7）：33-36.

杨邦杰，隋红建.1997.土壤水热运动模型及其应用.北京：中国科学技术出版社.

杨大文，楠田哲也.2005.水资源综合评价模型及其在黄河流域的应用.北京：中国水利水电出版社.

杨贵羽.2006.土壤水资源评价原理及其在黄河流域的应用.北京：中国水利水电科学研究院博士后出站报告.

杨贵羽，汪林，王浩.2010.基于水土资源状况的中国粮食安全的思考.农业工程学报，26（2）：1-5.

杨金忠，叶自桐.1994.野外非饱和土壤水流运动速度的空间变异性以及对溶质运移的影响.水科学进展，5（1）：9-17.

杨培岭.2005.土壤与水资源.北京：中国水利水电出版社.

杨文治.1981.黄土高原土壤水分状况分区（试验）与造林问题.水土保持通报，（2）：21-29.

杨永辉，胡玉昆，张喜英.2013.农业节水研究进展及未来发展战略.水域中国，32-35.

叶守泽，詹道江.1992.工程水文学.北京：中国水利水电出版社.

由懋正，王会肖.1996.农田土壤水资源评价.北京：气象出版社.

于伟东.2008.海河流域水资源现状与可持续利用对策.水文，（28）：79-82.

张和平，袁小良.1992.土壤水资源的农业评价.国土与自然资源研究，（3）：31-36.

张仁华.1991.土壤含水量的热惯量模型及其应用.科学通报，36（12）：924-927.

张蔚榛，等.1996.地下水与土壤水动力学.北京：中国水利水电出版社.

赵昕奕，刘继韩.1999.黄淮海平原各小麦生长期旱情分析.地理科学，19（2）：181-185.

郑丕尧.1992.作物生理学导论.北京：北京农业大学出版社.

中国农学会耕作制度分会.2006.现代农业与耕作制度建设.南京：东南大学出版社.

中华人民共和国国务院.2006.国民经济和社会发展第"十一"个五年规划纲要.

中华人民共和国国务院.2008.全国土地利用总体规划纲要（2006-2020年）.

中华人民共和国国务院.2008.中国粮食安全中长期规划纲要（2008-2020年）.

周择福，洪玲霞.1997.不同林地土壤水分入渗和入渗模拟的研究.林业科学，33（1）：9-17.

周钟瑜.1986.土壤水分测定方法.北京：水利水电出版社.

朱祖祥.1983.土壤学.北京：农业出版社.

邹厚远.2000.陕北黄土高原植被区划及与林草建设的关系.水土保持研究，（1）：96-101.

邹旭恺，任国玉，张强.2010.基于综合气象干旱指数的中国干旱变化趋势研究.气候与环境研究，15（4）：371-378.

D.希勒尔.1981.土壤和水——物理原理和过程.华孟，叶和才译.北京：农业出版社.

Andersen J, Dybkjar G, Jensen K H, et al. 2002. Use of remotely sensed precipitation and leaf area index in a distributed hydrological model. Journal of Hydrology, 264（1-4）：34-50.

Bastiaanssen W G M, Menenti M, Feddes R A, et al. 1998. A remote sensing surface energy balance algorithm for Land（SEBAL）：1. Formulation. Journal of Hydrology, 212-213：198-212.

Bastiaanssen W G M, Pelgrum H, Wang J, et al. 1998. A remote sensing surface energy balance algorithm for Land（SEBAL）：Part 2. Validation. Journal of Hydrology, 212-213：213-229.

Bastiaanssen W G M, Molden D J. Makin I W. 2000. Remote sensing for irrigation agriculture: examples from research and possibleapplications. Agricultural Water Management, 46: 137-155.

Boegh E, Thorsen M, Butts M B, et al. 2004. Incorporating remote sensing data in physically based distributed agro-hydrological modeling. Journal of Hydrology, 287 (1-4): 279-299.

Bruckler L, Witono H. 1989. Use of remotely sensed soil moisture content as boundary conditions in soil-atmosphere water transport modeling 2: estimating soil water balance. Water Resources Research, 225: 2437-2447.

Deardorff J W. 1997. A parameterization of ground-surface moisture content for use in atmospheric prediction models. Journal of Applied Meteorology, 16: 1182-1185.

Dickinson R E. 1986. Biosphere Atmosphere Transfer scheme (BATs) for the NCAR community climate Model. NCAR/TN-275+STR.

Ehlers D R. 1991. Multi-sensor image fusion techniques in remotesensing. ISPRS Journal of PRS, 46: 19-30.

England A W, Galantowicz J F, et al. 1992. The radiobrightness thermal interia measure of soil moisture. IEEE Trans. Geosci. Remote Sensing, 30 (1): .

Entekhabi D, Nakamura H, et al. 1994. Solving the inverse problem for soil moisture and temperature profiles by sequential assimilation of multi-frequency remotely sensed observations. IEEE Trans. Geosci. Remote Sens, 32: 438-448.

Falkenmark M. 1995. Land-water linkages: A synopsis//Food and Agriculture Organization of the United nation. Land and water Integration and river basin management: Proceedings of an FAO informal workshop. 15-16.

Falkenmark M, Rockstrom J. 2006. The new blue and green water paradigm: Breaking new ground for water resources planning and management. Journal of Water Resources Planning and Management, 132 (2): 129-132.

Habets F, Noilhan J, et al. 1999. The ISBA surface scheme in a macroscale hydrological model applied to the Hapex-Mobihy area Part I: Model and database. Journal of Hydrology, 217: 75-96.

Hillel D. 1980. Application of SoilPhysics. New York: Academic Press.

Hillel D. 1987. Computer simulation of soil water dynamics. New York: Academic Press.

Houser P R, Shuttleworth W J, Famigilietti J S, et al. 1998. Integration of soil moisture remote sensing and hydrologic modeling using data assimilation. Water Resources Research, 34: 3405-3420.

Hurtado E, Caselles V, Artigao M. 1995. Estimating corn evapotranspiration from NOAA-AVHRR data in the Albacetearea. International Journal of Remote Sensing, 10: 2023-2037.

Islam N, Wahid C M M. 1999. On the development of a technique to estimate surface rain using satellite data over Bangladesh. Bangladeash Journal of Scientific Research, 17 (29): 181-188.

Jackson R D, Idso S B. 1981. Canopy temperature as a crop waterstress indicator. Water Resources Research, (17): 1133-1138.

Jackson R D, Kustas W P, Choudhury B J. 1988. A reexamination of the crop water stress index. Irrigation Science, 9: 309-317.

Jackson R D, Reginato R J, Idso S B. 1997. Wheat canopy temperature: A practical tool for evaluating water requirements. Water Resources Research, 13 (3): 651-656.

Jackson T J. 1993. Measuring surface soil moisture using passive microwave remotesensing. Hydrological Processes, 7: 139-152.

Jackson T J, Schmugge T J. 1989. Passive microwave remote sensing system for soilmoisture: some supporting research. IEEE Trans. Geosci. Remote Sens, GE-27: 35-46.

Jia Y, Tamai N. 1997. Modeling infiltration into a multi-layered soil during an unsteady rain. Annual Journal of Hydraulic Engineering, JSCE, 41: 31-36.

Jupp D L B. 1990. Constrained two layer models for estimating evapotranspiration. 11th Asia conference on remote sensing, Zhongshan University. Guangzhou.

Kostov K G, Jakson T J. 1993. Estimating profile soil moisture from surface layer measurements-A review. Ground Sensing, 1941: 125-136.

Li J K, Islam S. 2002. Estimation of root zone soil moisture and surface fluxes partitioning using near surface soil moisture measurements. Journal of Hydrology, 259: 1-14.

Li J, Islam S. 1999. On the estimation of soil moisture profile and surface fluxes partitioning from sequential assimilation of surface layer soilmoisture. Journal of Hydrology, 220: 86-103.

Li Y P, Ji J J. 2001. Model estimates of global carbon flux between vegetation and atmosphere. Advances in Atmospheric Sciences, 18 (5): 807-818.

Liang X, et al. 1994. A simple hydrologically based model of land surface water and energy fluxes for general circulation models. Journal of Geophysical Research: Atmospheres, 99 (D3): 14415-14428.

Manable S. 1969. Climate and the Ocean circulation 1. The atmospheric circulation and the hydrology of the earth's surface. Monthly Weather Review, 97 (11): 739-805.

Montheith J L. 1965. Evaporation and environment. Symposia of the Society for Experiment Biology, 19: 205-234.

Moran M S, Clark T R, Inoue Y, et al. 1994. Estimating crop water deficit using the relation between surface air temperature and spectral vegetation index. Remote Sensing of Environment, 49: 246-263.

Nielsen, Jackson D R, et al. 1972. Soil water. American Society of Agronomy and Soil Science Society of America.

Noilhan J, Planton S. 1989. A simple parameterization of land surface processes for meteorological model. Monthly Weather Review, 117 (3): 356-549.

Pauwels V R N, Hoeben R, Verhoest N E C. et al. 2001. The importance of the spatial patterns of remotely sensed soil moisture in the improvement of discharge predictions for small scale basins through data assimilation. Journal of Hydrology, 251 (1-2): 88-102.

Penman H L. 1948. Natural evaporation from open water, bare soil and grass. Proceedings of the Royal Society of London. Series A, Mathematical and Physical Sciences, 193 (1032): 120-145.

PHIlip J R. 1957. The theory of infiltration about sorptivity and algebraic infiltration equation. Soil Sciences, 84 (4): 257-264.

Philip J R. 1966. Plant water relations: Some physical aspects. Annual Review of Plant Physiology, 17: 245-268.

Rice, Long F J. 1969. A field system for automatically measuring soil water potential. Soil Sciences, 1984, 137: 227-230.

Richards L A. 1931. Capillary conduction through porous mediums. Physics, 1: 31-318.

Rosema A. 1986. Result of the group agromet monitoring project. ESA Journal, (10): 17-41.

Saltellli A. 2000. Fortune and future of sensitivity analysis//Saltelli A, Chan K, Scott E M. Sensitivity Analysis. Chichester: Wiley.

Segiun, Itier B. 1983. using midday surface temperature to estimate daily evaporation from satellite thermal IR data. Intenational Journal of Remote Sensing, 4: 473-483.

Sellers P J, Mintz Y, Sud Y C, et al. 1986. A simple biosphere model (SIB) for use within general circulation models. Journal of the Atmospheric Sciences, (43): 505-531.

Shao Y P, Henderson-sellers A. 1996. Validation of soil moisture simulation in land-surface parameterization schemes with HAPEX data. Global and Planetary Change, 13: 11-111.

Smith R E. 1972. The infiltration envelope results from a theoretical infiltrometer. Journal of Hydrology, 17 (1): 1-21.

Su Z. 2002. The surface energy balance system (SEBS) for estimation of turbulent heat fluxes. Hydrology and Earth System Sciences, 6 (1): 85-99.

Su Z, Jacob J. 2011. Advanced earth observation land surface climate. Netherlands: Publications of National Remote Sensing Board, 91-108.

Swinbank W C. 1951. The measurement of vertical transfer of heat and water vapour by eddies in the lower atmosphere. Journal of Meteorology, 8 (3): 135-145.

Top G C, Davis J L, et al. 1980. Electromagnetic determination of soil water content: Measurement in coaxial transmission lines. Water Resources Research, 16: 574-582.

Van Genuchten, Leig F J, Lund L J. 1992. Indirect methods for estimating the hydraulic properties of unsaturated soils. Proceedings of the International Workshop on Indirection Method for Estimating the Hydraulic Properties of Unsaturated Soils. California.

Watson K, Pohn H A. 1974. Thermal inertia mapping from satellites discrimination of geologic units in Oman. J. Res. Geo. Surveying, 2 (2): 147-158.

Watson K, Rowen L C, Offield T W. 1971. Application of thermal modeling in the geologic interpretation of IR images. Remote Sensing Environment, (3): 2017-2041.